你是互联网的支配者还是附庸

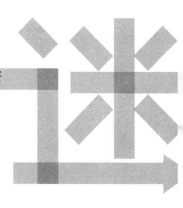

[日] 藤原智美◎著

王唯斯◎译

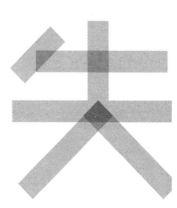

海峡出版发行集团
THE STRAITS PUBLISHING & DISTRIBUTING GROUP

鹭江出版社
LUJIANG PUBLISHING HOUSE

2019年·厦门

目 录

Chapter 3　网络社会的匿名性

Chapter 4　网络剽窃并非智慧的行为

目　录

Chapter 7　如何正确对待网络视频

Chapter 8　网络使人萎缩

目　录

序章
现在就放下你的手机

始于三天的戒信息尝试

2008 年夏，iPhone3G 一上市便销售火爆。这款触摸屏手机也成了智能手机的开山之作。同一年，我写了《搜索白痴》①一书，并由此开始尝试戒信息。

当下定决心做某事时，若能用词汇精确其定义，便会增强积极性。"戒信息"一词带给了我明确的目标感和动力，究其原因，可能是此前我已经不知不觉意识到了戒信息的必要性。

---

① 译者注：日文书名为《検索バカ》。因尚无中译本，故本书采用直译。

元旦的三天假期里，我没有碰电脑和手机，就连电视和广播也没有打开。此前我每天都要花两三个小时遨游在信息的海洋中，但那几天我只看出版物，借此与过去的生活方式挥手告别。

26岁时，我戒了烟，此后再没有碰过香烟。大约30年前，我曾在某个寺庙辟谷一周。和戒烟或断食的饥饿感相比，戒信息比我想象的容易许多。

不过，就像不可能永远断食一样，我们也不可能一直将信息拒之门外。完全与世隔绝无异于痴人说梦。网络已是现代社会存续发展不可或缺的一部分。

身为一名作家，我同样无法离开网络。为了工作而上网无可厚非，但至少应该减少漫无目的地浏览网页。不过这并非易事。就像一名烟鬼面对点燃的香烟，却提醒自己已经戒烟了一样难受。

在元旦的三天行动之后，我每个月都会进行一两次短期的戒信息，每次一到两天。之前那种散漫的上网行为逐渐减少，或者说，我能在一定程度上控制自己的上网行为了。现在，我在工作中使用两台电脑，其中一台不连接网线，仅用于打字。

　　在实践戒信息一段时间后，我曾在一个访谈节目中讨论过这个话题，也在报上发表过相关文章。那时候，经常能听到人们提"戒信息"这个词。我不知道究竟是谁先提出的这个概念，但不难发现，面对不断加剧的数字化浪潮，很多人都意识到问题并感到了不安。

　　如何与信息打交道是需要进行管理的。我们真正需要的不是获取和处理大量的信息，而是如何将信息消化，使之成为对我们思想和观点的有用之物。有些人对此仅留于表面，却往往毫不在意，甚至觉得接触的信息越多，自己就会越聪明，但这不过是异想天开罢了。

个人意识消失的社会正在来临

　　2014年1月我出版了《不能承受的"互联"之轻》①

---

① 译者注：日文原名为《ネットでつながることの耐たえられない軽さ》。主要讲述由于人们可以轻易地连接互联网，所以造成了各种各样轻率的言论以及社会问题。本书尚无中译本，故书名采用直译。

一书。在后记里我总结道："我将开始实践'戒网络'。"戒网络也和戒信息一样，定为三天。

将"信息"一词换成"网络"并不是文字游戏。从 2008 年到 2013 年的这五年，网络的影响力明显增加。现在已经变为网络时代，我们的信息也几乎都是源自网络。我在思考，为何越来越多的人远离书籍、电视等传统的社会主流媒体，而沉浸于网络之中呢？

假设读书是个人行为，该行为只囿于个人，那么，在 SNS[①] 上交流或是畅游网页游戏，则是集体行为。

社会中存在个人与集体这两个范畴。读书能发展个人的想象力与思考力。但到了网上，最重要的却是与集体的联系。上网时，我们总是回避不了连接某处与某人。与此相对，某处与某人也在网络上寻求回应。此时，你几乎不可能全身心地投入思考，也几乎不可能在不被别人干扰的情况下展开自己的思维。

夸张一点说，网络社会剥夺了个人拥有自我意识的时间。换言之，即剥夺了个人作为个体而独立存在

---

① 译者注：SNS 为 Social Networking Services 或 Social Network Software 的缩写，即社交媒体（网站）或社交软件。

的时间。我们甚至可以发现，在当今社会，思考并自己求索答案这种知性活动，被贬低为低效又过时的行为。在网络世界中，深入内心深度思考极其困难。

但网络空间又令人感觉心情愉悦。因为只要提问，总会有人回应。置身于数字化的虚拟集体中，时间便不再难熬。人们能感觉到自己与他人的联系，也因此形成了一种除了睡觉以外，"全天候在线"的生活状态。

现在，人们就算钻进被窝也会紧握手机。甚至有人会因为"可能随时会有人找我"而 24 小时都守着手机。

在未来，连接网络的装置可能不再是手持的移动端，而是变得可随身穿戴，最后甚至可能植入人体体内。也就是说，通过每个人的身体便能直接连接网络。届时，人类个体可能只不过是网络中的一个单位。这意味着"并不是你在使用网络，而是你在被网络使用"。在这样的社会中，可以说个人意识将会消失。

个体将成为群体的一部分

2020 年，奥运会将在东京举行。作为一项体育盛典，奥运会的确是重大节日。但在我们的社会中，各种"节"已经铺天盖地。本书完成之时，恰逢夏日祭、烟花大会、露天活动等诸多节日。在节日中，人们往往需要舍弃个人，融入集体。越来越多的人对节日的增多感到愉悦。

在学校，最近"个性"一词被提及的频率也不如以前了。取而代之的是"人际纽带"与"人际联系"。活动中的人群、学校的集体，从个人到从众的转换可谓比比皆是。

英语词汇 Cluster①，翻译过来就是"群体"的意思。比如说，一串葡萄就是一个群体，蚁穴里的蚂蚁也是一个群体，一只蚂蚁不能单独生存，只有以群体的形式才能存活，这也是群体的特点。一个蚁穴就是一个生命体，用人来打比方的话，一只蚂蚁就相当于人类的一个细胞。这个细胞在一个月左右②便会消亡，之后会被源源不断地更新。

网络社会或许正是这样一种个体难以独立存活的

① 译者注：指群体、集团，也可以表示串、束、簇等意思。
② 译者注：不同的细胞有不同的寿命周期。

群体社会。

言归正传，我建议各位尝试"戒手机"，时间同样是三天。我们需要戒断的事物，从信息到网络，这次又变成了手机。这并不是随便换了一个词。

"低头族"不符合人类的天性

20多年前，互联网进入了我们的生活。最初互联网只能通过台式电脑连接，但在功能手机①出现后，手机也可以上网了。当时，也有很多人带着自己的笔记本电脑去咖啡厅或酒店上网。原本只能在办公室或家里才能连接的网络，通过笔记本电脑和手机变得可以移动使用。

通过网络，我们可以进行搜索信息、收发邮件、阅览博客和新闻、听音乐、玩游戏等活动，人们的日常生活与网络的关系日益密切。

当智能手机普及之后，人与网络的联系进入了新

---

① 译者注：英语为 Feature phone，其运算能力和多媒体功能逊色于智能手机，一般只能用来通信及简单上网。

阶段。或许由于变化太过迅猛，我们对人与网络的现状并不能理性地认识并恰当地应对。

还记得两年前的某天下午，我与朋友约在车站检票口处见面。那时正好赶上高中生放学，穿着相同制服的学生们迈着优哉的步伐朝检票口走来。

我随意观察了一下，几乎所有的学生都是"低头族"，也就是边走路，边低头看着手机。径直走路不拿手机的人反倒成了少数派。这些学生都将目光聚集到自己的手中，低着头娴熟地通过检票口走下台阶。他们是在用 LINE①？是在玩游戏，还是在挑选音乐？这整齐划一的模样令我深感诧异。

若是 30 年前的人看到这番景象，不知会做何感想？要是他们知道这是日本不久后的样子又会怎么想呢？他们一定会感觉不可思议，想知道"大家手上拿的到底是什么，竟然会有如此魅力"。

边走路边读报纸或看漫画的人以前非常少。反观今天，从高中生到成年人，危险的"低头族"随处

---

① 译者注：LINE 中文又译"连我"，是一款国际性的即时通信软件。

可见。

　　这是一种很奇怪的行为。人类在走路的时候，要靠眼睛观察四周，在脑海中思考各种各样的事情。人类开始直立行走后一直如此。按理说，人类此前没有边走路边将视线集中在手上的习惯。但当智能手机普及后，这变成了人类的常态。由于我们已经司空见惯，所以也对此感到理所当然，但这真的非常奇怪，并且违背了人类的天性。

智能手机带来了社会的质变

　　K.I.T 虎之门大学院①的教授以东京都内某所中学的学生为对象进行了调查，结果显示，使用智能手机的孩子每天花费在手机上的时间约为三个小时，而使用功能手机的孩子每天花费在手机上的时间仅为前者的一半左右。这还只是 2013 年的调查。如今使用功能手机的孩子应该已经成为极少数了。

---

①　译者注：2004 年开设的一所面向社会人的大学院（研究生院），主要以 MBA 和知识产权方面的课程为主。

通过这一调查不难看出，智能手机对人们的影响远超功能手机。除了中学生，就连小学生和老人都沉迷于智能手机。它的影响已经波及整个社会和全人类。

量变带来质变。质变即人类本身的变化。美国洛杉矶的一处餐厅为"找回人与人之间的联系"，声明只要在用餐时将手机交给餐厅保管，就能获得消费金额5%的优惠。荷兰某啤酒制造商的酒吧为呼吁客人"与现实中的人进行交流"，提出只要将手机交给酒吧保管就能免费获得一杯啤酒。这些消息在网络上受到人们的关注，无非是因为手机使现实中的人际关系变得日益淡薄。

我曾目睹过这样一番景象：放学后，四名高中生走进了一家汉堡店。刚一坐下，这四位男生便立刻掏出手机。他们对桌上的薯条和饮料兴致不高，只是默不作声地玩着手机。这种状态持续了将近一小时。这种景象并不少见，应该已经成了放学后的常态。我读高中的时候，同学们时常大声地互相交谈，和现在完全不一样。

要是汉堡店规定，将手机交给店员保管便可免费获得一杯饮料，又会怎样呢？可能谁也不会理睬这项优惠，又或者根本就不会来这家店。我身边还没有见到保管手机的餐厅或酒吧。

究其缘由，首先是今天的手机和装有现金、信用卡、名片、身份证明、通信簿、私人信件、重要工作文件的提包和书包一样，对人极其重要。如此重要的东西一旦脱离了自己的视线，会令人感到不安。

其次，将手机放在手边已经成了一种社会常识。所有的事情都是以"对方会马上看手机"为前提而进行的。要是有学生半天不回复 LINE 消息，就会受到同学的欺负。收到别人的消息，就要尽快回复，这已经成为手机社会的一种礼节。

最近我的座机几乎没有响过，大家都是通过手机来联系我的。可能因为用固话通话已经不再是一种社会标准了。

对现代人而言，时刻携带手机已经成为理所当然的事，而遍布我们周围的网络也已经成为一种社会基础。没有手机又不会上网的人，可以说是在生活中没有立足之地的"弱者"。

放下手机散步才能回归本质意义

让我们再看看边走路边玩手机这件事。

我们把以单纯走路为目的的行为称作散步。在日本，为了预防衰老和锻炼身体，散步被大力推崇。近来，也有人认为散步可以锻炼脑力，因此身体力行的人不在少数。不过，人们对于散步的评价还太过片面。

假设我们散步的同时用手机上网，这的确锻炼了腿脚，所以对健康有益。而一边走路一边用手机玩游戏或上SNS，可能也锻炼了脑力，但这就失去了散步最本质的意义。

英国有专门的公众散步路，即所谓的"散步专用小道"。这是供公民散步的场所，在郊外可以铺设几十公里。有时散步路也会穿过私有土地，但人人都可以在其间漫步。不难看出，英国社会将散步视为一种人权。

为什么在现代社会的发源地，散步被视为生活的一部分呢？我猜想，这是因为散步是一种回归个体的行为。现代社会的理想，便是每个个体拥有独立的人格，能够以自由的意志走完一生，而散步正是这样一种理想的具体体现。

　　散步的时候，每个人完全自由自在，可以随心选择走哪条路，是停下又或是前进也无拘无束。此时没有人介入我们的思想，我们大脑中源源不断的想法不会被人打断。我们能够自由思考，并且这是我们的独立思考。

　　哲学家伊曼努尔·康德①每天都会在固定的时间，去固定的路线散步。他并不是在行走中完全放空大脑，而是在脑海中思考问题。打坐过的人应该非常清楚，外部的信息和刺激越少，脑海中越是会浮现各式各样的想法，甚至无法控制。所以打坐成了一种修行。若是人们能毫不费力地放空大脑，也就不会出现禅了。

　　我们可以将散步看作是稍微有些喧闹的打坐。这是与自己对话的宝贵时间，没有任何人有权阻止。所以这种独立行走的时间，即便是上下班途中，或是上下学途中那些许的片刻，也是非常重要的。对于个人

――――――――――

① 　译者注：康德（1724—1804），德意志著名哲学家，德国古典哲学的创始人。

而言，这是独立存在与独立思考的时间。

逐渐消逝的个人时间

现代人逐渐失去独立存在的时间。曾经，我们会在下班途中顺路走进咖啡馆，喝上一杯咖啡，享受无所事事的小憩以慰藉自己。但现在一旦有空，肯定会立刻拿起手机与网上的某人或某处联系，抑或是被手机游戏夺走独立思考的空间。除此以外，现在的人们也不太喜欢一个人吃饭。每个人都极力融入集体之中，害怕被孤立。我不禁想起曾经听过的一句话——"寻求团结，不怕孤立"[①]。

人人都离不开手机导致了一种"不良现象"，即过度轻视独处和害怕孤独。人们都在网上与他人联系着，而不再是一个人，并且日益远离独立思考。据我观察，手机社会正在大量创造一个群体，这个群体的人持续追求别人的认可，缺乏自我思考能力，同时恐惧孤独。

---

① 译者注：这句话出自日本"红色诗人"谷川雁（1923—1995）之口，为1969年东大安田讲堂事件中的一个标语性内容。

据说，曾经有一个加拿大原住民部落将憧憬未来的时间明确视为生活的一部分。一个人弓着身子走进雪中，身披毛毯，仰望夜空，产生各种联想。绝不能打扰别人的这种独处时间，也是当地不成文的规定。孤独的时间可以丰富我们的人生，但这与手机社会正好相悖。

假设你看到一个孩子正独自坐在草丛中，长时间呆呆地盯着天空，请千万别上前搭话，在远处注视就好。因为这个孩子很可能正在锻炼自己的想象力，以对抗这个残酷的世界。想象力是别人教不来的。如果这个孩子就是曾经的我，我也希望别人不要打搅我。

然而，现在几乎没有孩子在孤独之中一个人挣扎吧。凭借手机这个"神奇的工具"，只要发出信息，立刻就能得到回应，这点令人十分开心，但随时都能和别人保持联络的便利也剥夺了我们的想象力和思考力，然而很少有人能注意到这一陷阱。

现在，请放下你的手机

美丽的花朵、动人的小说、精彩的电影，在看到、读到这些后，我们希望将自己的感动告诉别人，与别人共享我们的快乐。此时，手机是我们分享感受的工具。

但若没有手机又会怎样呢？我们可能会不断回味留存在心中的感动，并将其铭刻在心里。借助我们的想象力，这份感动可能会令我们生出新的语言。

然而，这份感动在上传至网络的瞬间，便会灰飞烟灭。这可不是危言耸听。想必大家都有这样的经历：就算在旅行中拍了一百张照片，到了第二年也几乎都会忘光。散步中遇见了美丽的花朵，当时的那份感动在分享至网络的瞬间便变得稀薄，我们又会去寻找其他能在网络上分享的素材。

大概 15 年前，有一个针对高中生的调查："对你而言，房间和手机哪一个更重要？"几乎所有的回答都是"手机"。要知道，当时还没有出现 SNS 这个词，也没有 LINE。

现如今，要是对高中生提出同样的问题又会怎样呢？答案不言而喻，手机对我们而言已经如同空气一般重要。

这种现象放在很多成年人身上也是一样。比如正在阅读的你？

我听过"数字戒毒期"①"IT戒毒期"这样的词。据说美国还有在野外露营三四天，以戒断手机的活动。日本虽说进展缓慢，但也出现了提倡这种行为的迹象。

戒手机可以通过一己之力实践。从周五傍晚到周一早上，首先请用这三天时间付诸实践。在此期间，请读一读本书中提到的手机社会、网络社会的问题，以及描述人与网络的联系是如何变化的这些章节。若是阅读期间你的心绪能稍微远离手机、远离网络，我将感到无比荣幸。

---

① 　译者注：英语为 Digital Detox。指一个人远离智能手机和电脑等电子设备的一段时间，借此机会为自己减压或将关注点转移到真实世界的社交活动中。

Chapter 1

手机容纳不下我的回忆

与消费主义相悖的简约生活

　　2014年夏，一部名为《365天简单生活》的芬兰电影广受热议。这是一位叫作裴德利·卢凯宁的青年围绕自己生活拍摄的纪实电影。

　　……是夜，卢凯宁赤身裸体地待在空无一物的房间里，茫然四顾。空旷的房间仿佛烘托着他内心的寂寥。下一个镜头，他赤裸着身子跑出房间，飞快地钻进了满是积雪的街头。不多时，他抵达仓库，打开卷帘门，取出一件外套裹住了冻僵的身子。

　　卢凯宁把家里所有的东西都收进了仓库，包括内衣。此后，他每天从仓库里面取出一件必需品，就这样生活了一年。电影开头的场景便是第一个夜晚发生的事情。这样的生活似乎有些愚蠢，而卢凯宁之所以开始这样的生活，是因为虽然物质生活很丰富，但他仍然觉得很空虚，于是他对这样的生活产生了疑问。他喃喃道："物质是负担。"关系亲密的祖母对孙子激进的尝试表达了认同，并回应道："人生并不是由物质组成的。"

然而，没有物质的生活极其不便。只要尝试一下，就会发现太多未曾料想过的问题。卢凯宁用弟弟提供的食物勉强填饱了肚子，在空荡荡的房间中裹着外套在地板上睡去。那时他梦到的竟然是用来挂外套和夹克的衣架。衣架比美食、美女、香车更先出现，确实耐人寻味。

一年后，卢凯宁的房间变成了一个物品不多但排列整齐的空间，几乎看不出以前的样子。影片的最后，卢凯宁有了恋人，即将开始两个人的新生活。用新产生的人际纽带来填满扔掉物品后多出来的空间，这样的故事虽然稍微有些理想化，但确实是发生了。

与之类似的，美国的《袖珍小屋国度》也是我非常喜欢的一档节目。它的副标题是"大美国与小房子"。

在美国，人们的住宅平均面积高达250—300平方米，而节目的特别之处也在于此。节目让每个参加的家庭从自己的大房子搬出，然后搬进 30 平方米以下的袖珍房屋（Tiny House），之后记录他们一周的生活。

空间变小后，肯定要减少非必需品，否则生活空间就会逐渐消失。在美国，此前人们理所当然地认为，所有东西都应该是又大又多的。通过节目不难看出，住在袖珍房屋里，将物品控制到底线的简约生活也正悄无声息地在美国生根发芽。

无论是《袖珍小屋国度》的参加者，还是卢凯宁，其目标都是一样的，即希望尝试与消费主义相悖的简约生活。

日本也曾推崇简约至上的生活方式。镰仓①初期，著有《方丈记》的鸭长明②就蛰居在仅有十平方米的方丈庵里。也有先贤身处逼仄的茶室或狭小的庭院之中，却心系广阔世界的例子。喜好狭小又简约的空间，或许是植根于日本人内心深处的一种追求。

———————————

① 译者注：镰仓时代（1185—1333），是日本历史中以镰仓为全国政治中心的武家政权时代。

② 译者注：鸭长明（1155—1216），日本歌人。

2015 年 10 月，一本名为《只过必要生活》^①的书籍走进了人们的视野。其副标题是"如何用少量的物品，过快乐的生活"。这本书发售不到五个月便加印十次，在出版界萧条的大背景下收获了巨大的成功。该书讲的是如何巧妙地舍弃物品过舒适的生活。我时常对书桌的凌乱感到心烦，所以当我看到书中提到"杂乱无章的书桌会一点点地夺走你的精力"时，不由得心里咯噔了一下。

---

① 译者注：《只过必要生活》一书作者为匠久。书名翻译采用中文出版物译名。

乔布斯也是极简主义者

回想起来，我发现 2000 年以后"弃物书"（我自创的名词）一直大获成功。一开始是 2000 年发售的辰巳渚的《丢弃的艺术》。

其实在这之前，日本人已经普遍意识到家中物品过多的问题。因为家里的收纳空间已经跟不上家电和家庭用品出现的速度。20 世纪 90 年代中期，某房地产商开始销售有储物室的房屋。这种户型在一楼和二楼中间设置了约一米高的储物室，家中的家具什物可以收纳于此。而在这之后出版的畅销书正是《丢弃的艺术》。从收纳到丢弃，这种意识上的转变也反映了很多人的心境。

2010 年，"断舍离"成为流行语。从那时候起，许多书建议人们丢弃不必要的物品和日用品，不买不需要的东西。这些书逐渐形成了一种书籍类别。漫画家中崎达也的《身无一物的男人》①也是其中的一本。如果要我形容的话，这本书就像将刚买来的铅笔特意削到最短再开始使用一样，只是尽可能地去丢弃物品，可以称之为远离了丢弃本质的激进弃物书。

当然也有非常有价值的书。近藤麻理惠的《怦然心动的人生整理魔法》就在全球圈粉无数。这本书不仅在日本成为畅销书，还在三十多个国家发售，发行数量仅海外就超过了两百万册。作者在2015年被美国《时代周刊》评选为"全球最具影响力100人"，一时引发热议。

据近藤本人说，她是在初三的时候阅读了《丢弃的艺术》，从而领悟其真谛，随后写下了《怦然心动的人生整理魔法》。类似的书还有在2014年出版的《跟巴黎名媛学到的事》②，这本书广受女性读者的欢迎。这

---

① 译者注：中崎达也（1955—），日本漫画家。《身无一物的男人》原作《もたない男》，是其随笔集，讲述作者的断舍离生活。尚无中文版，故书名采用直译。

② 译者注：本书作者为詹妮弗·L.斯科特。日文版书名直译为《法国人只需十件衣》。此处直接采用中文版译名。

些书除了在出版领域，在电视节目中也经常被提及。

不过，最近出版的弃物书并不只是单纯的整理指南，而是倾向于提出新的人生观和生活方式。在《只过必要生活》出版一个月后，出现了一本名为《我决定简单地生活》①的书。这本书旗帜鲜明地提出了远离物质的全新生活方式。书中的一小节如下：

"我扔掉了许多东西。于是我能每天都体味幸福生活。"

作者佐佐木典士曾经陷入物质主义当中。但在这本书里，他将不拘泥于物质的简单生活方式视为理想。虽然这一点和其他类似的书籍并无不同，但作者对于物质主义的批判之声格外高昂。他是把追求简约生活的人划分到极简主义的群体之中，与之前提到的电视节目《袖珍小屋国度》颇有相似之处。

此前的弃物书均是关于个人和私人空间的讨论。而佐佐木把极简主义者理解为拥有同样价值观的运动体。这本书在卷首部分介绍了几位极简主义者的生活，

① 译者注：作者为佐佐木典士。本书旨在重新定义何为幸福。

据说这些极简主义者平日还通过网络进行交流。

书中还称，苹果公司创始人之一史蒂夫·乔布斯也是极简主义者。虽然乔布斯已经去世，但还是拥有众多的追捧者。的确，乔布斯的生活并不像富豪，而是极其俭朴。很多人都知道他喜欢牛仔裤以及痴迷于禅宗。

提倡简约生活的原因

话说回来，为什么会有人把没有物品的冰冷空间看作是理想状态呢？

可能有经济环境变化这一因素。在泡沫经济时代，人们热衷于购物和娱乐等消费活动，但当今很少有年轻人有这样的经济能力。他们没有足够的收入去支撑这种享乐式的消费生活。对于大多数年轻人而言，宽大的住房、豪华的进口汽车、昂贵的智能家电，都是可望而不可即的。每当有机会，我都会与年轻人就这方面进行讨论。不少年轻人对于奢侈品几乎没有追求，他们最关心的反而是储蓄，这使我十分惊讶。

与此同时，收入差距越发拉大并逐渐固化。即便人们有意追求更高层次的生活，当意识到其中的不现实性后，也不得不转向简约。

以前，日本人心目中的理想家庭是拥有独门独院的房子，有最新的家电，有两个孩子，还有一条狗和一辆车。但现在，很少有年轻人会像过去一样，憧憬这样一幅蓝图。所以大多数的弃物书并不是针对养育孩子的家庭所撰写的。

因为结婚生子，等于增加了同居者。增加了同居者就等于会增加相应的空间和物品。若是双方的三观不合，只是奉行丢掉、不买，生活中还是会麻烦不断。

因此极简生活是与出生率低下、少子化有着深厚联系的。在本章开头提到的纪实电影中，最后的场景是卢凯宁决定和恋人同居，因此他将许多之前视作不需要的物品又取了出来。一旦有了家庭，物品必然增多。

而贫富差距扩大和出生率低下是全球所有发达国家直面的问题。从这点来看，追求极简生活很可能会成为新的全球潮流。

一切都能电子化为简约生活提供了技术支持

除去收入不足以及少子化的因素，我认为追求简约生活关键在于信息社会以及互联网的发展。

"物品不是无声的。家中的物品都在发出信息。"（出自《我决定简单地生活》）

这种感觉我也深有体会。比如挂在衣架上的外套，若它是某人赠送的礼物，那么它就会散发出各种各样的回忆；若它是知名品牌，那么它就会给人相应的信息，每当看到它，就会联想到其价格。衣服里还有流行款式，对时尚敏感的人，会时常将自己的外套与每年的新款作比较。物品不会说话，但也在发出信息，迫使人们产生新的消费。

只要不是整理狂，房间里就可能会充满物品发出的讨厌信息。扔掉物品会使心情舒畅，等于是扔掉了物品包含的信息，这其实是一种信息整理。

媒介理论家马歇尔·麦克卢汉[1]曾说"媒介即信息"，同理，我们也可以说，"现代的各种物品也是信息"。但是，我们并没有时常意识到来自物品的信息。

比如我们打开冰箱，拿出一盒牛奶，虽然这只不过是一盒牛奶，但包装盒上印有制造商的品牌信息。如果包装是全黑的，人们肯定会感到惊讶。于是，我们瞬间接收了包装盒的设计信息，并在脑海中浮现了各种东西，接着我们会查看保质期，之后决定是否继续饮用。在日常生活中，我们下意识地接收了许多这样的信息。

"成为极简主义者后，能从信息的汪洋大海中获得解放。那些想尽办法诱惑你的各色广告已经与你毫无关系，你也不会再去羡慕媒体上频频出现的富豪和名流。"（出自《我决定简单地生活》）

前面所说的信息都是 Message，而如果我们将其替换为 Information 之后，则更容易理解。

---

① 译者注：马歇尔·麦克卢汉（1911—1980），20世纪原创媒介理论家。

多功能电饭煲以其时尚的设计展现着品牌形象的信息。它的液晶显示屏上展示着各种各样的文字和数字。在用炉灶蒸饭的时代，蒸出可口的米饭需要熟练地使用各种身体感官。而现如今，这已经成为一种按下按钮，按照电子信息的指示来进行的信息处理活动。

同样的，我们也不需要像过去那样生火烧洗澡水、在火盆中添炭、用扇子扇风、到走廊里乘凉，也渐渐地不再需要拖着笨重的吸尘器满屋子跑。取而代之的，是浴室里设置的操作面板、用遥控器操作空调和帮我们扫地的机器人。需要身体力行的家务越来越少，更多的是对电子信息的处理。我们逐渐从家务中解放了出来，乍看起来确实方便了许多，但我们同时也不得不对各种信息进行处理和管理。就如"洗澡水已经烧好"[①]这样的语音信息会催促着我们前往浴室。

所有的这些事项都在消耗我们的时间。我们没时间去读报纸，往往还来不及读完，报纸就会被扔进可回收垃圾桶。若是爱读书的人，想必书架上摆满了没

---

① 　译者注：日本一些热水器会有"洗澡水已经烧好"这类提示音。

有读过的书籍。

每当我看向书架，总会感觉书本正在催我赶快阅读它们。

将自己的藏书电子化，想必各位也不陌生，就是将书籍逐页扫描下来制作成电子书，作为电子数据储存起来。如此一来，书架上摆放的千余本书籍便可以被收进薄薄的光盘或轻巧的U盘当中，我们也可以借此从堆积如山的书籍中解放出来，逐渐没有必要收藏纸质书籍。照这样发展下去，纸质书籍就会被电子信息所替代。用平板电脑或智能手机阅读报纸或书籍，总有一天也会变成理所当然的事情。

我房间的墙上用大头针别着十张明信片，有的是朋友送的，有的是自己买的。明信片旁边还挂着朋友赠送的绘画。如果有一天我对这些感到厌烦的话，也可以将它们扫描成电子信息。家庭的相册也可以电子化，所有的这些都可以电子化。

极简主义者以手机为中心的生活

　　人类能处理的信息有限，日常生活中接收到的信息量已经远远超过了限度。若是把收到的信息电子化，就可以暂且将信息储存起来，让实物从眼前消失。如果将纪念照带来的记忆和回忆也电子化，就可以随时读取。书籍、杂志、报纸、音乐也可以进行存储，等想用的时候再拿出来。就连变得老旧却不舍得扔掉的西服也可以用手机拍下来，关于它的一些回忆也可以一并存储下来。

　　"我们可以通过手机做任何事情。"（《我决定简单地生活》）

　　极简主义者就是从物质生活中解放出来的人，他们也是信奉手机的信息主义者。

　　物品被电子化，收进手机或平板电脑之中，之后

35

再也不会出现在我们眼前。在开头提到的纪实电影中，卢凯宁仔细拍摄了把床和冰箱等物品搬回房间时的情景。但蹊跷的是，他手中不知何时多出了笔记本电脑。他对笔记本电脑并没有做交代，仿佛笔记本电脑并非普通物品，而是需要特殊对待的绝对必需品。

引发人们热议的极简主义者和追求简约生活的人，希望从物质中解脱出来。但他们的出发点不是管理物品数量和相应的空间。他们最早注意到物品发出的信息超过了人类的处理能力。在物品发出的信息与手机能掌控的信息之间，他们做出了衡量，最后选择抛弃了前者。

在美国，十多岁到三十多岁的人被看作是拥有类似成长经历的一个群体，被归类为"千禧一代"①。他们的特点和极简主义者一样，不大关心汽车，也不大关心购买多少物品。因为电脑与手机的关系，他们从小便是在网络的陪伴下长大的。

美国的千禧一代和日本的极简主义者在生活中都

---

① 译者注：指 1984 年至 2000 年之间出生的人。

以电子信息为主。他们可以熟练地操作手机与网络，仿佛这是他们大脑的一部分。

我们每天会通过手机或平板电脑处理大量的信息，这些信息的数量远超 20 年前的想象。面对如此忙碌的生活，放在书架上的家庭旧照我们已经无暇顾及。它所包含的记忆和回忆，我们也已经没有精力去回味了。

全球 IT 界的领袖级人物乔布斯和极简主义者之间的关联，乍一看有些奇妙。不过，假设 20 世纪是物质时代，21 世纪是信息时代的话，那么乔布斯的思考方式显然属于 21 世纪。比起物质优先信息，尽可能整合有形的东西，再细小化使之容易处理，这正是史蒂夫·乔布斯被极简主义者所追捧的理由所在。

然而，这些有形之物、这些经过时间积淀的物品，乃至从这些物品之中衍生出来的印象与记忆，是否可以由数字信息与互联网所还原呢？我对此持否定的态度。我担心丢掉物品会因为进一步激发人们对网络和电子化的依赖而走向终点。

Chapter 2

"我" 被数据所分解

"我"被数据化了

　　这是我在东京某健身房的经历。出示了会员卡后，服务台的女员工直接递给了我一把女用储物柜的钥匙。我来这里健身已有三年，同样的情况已经是第四次发生了。这位工作人员一定是看到屏幕上显示我的名字为智美，所以就想当然地认为我是女性。我不由得觉得自己似乎变成了透明人。当时，她笑着对我说了"您好"，并从我手里接过了会员卡。无论怎么看，我都是一位中年男子，可为什么还会给我女用储物柜的钥匙呢？

　　我猜想，也许重要的不是她眼前的我，而是屏幕上显示的数据。就是说，她没有看到活生生的人，只是看到了屏幕上的一堆数据。这虽然是没有恶意的小失误，但它说明在网络社会，人正在不断被数据化。

不仅如此，可能我们自己也已经变得和这位给错钥匙的员工一样，不去关注眼前的人，而仅仅去注意网络上的数据。

个人信息被盗用或者被出售的事件屡见不鲜。2014年7月，倍乐生公司①的顾客信息出现了大规模外泄，外泄数据多达2000万条，包含了许多使用倍乐生网络教育——"进研研究会"的青少年的信息。

据说外泄信息被反复转卖，现在已有数百家企业拥有这些数据，但实际情况有多严重我们无法完全知晓。电子信息极易复制，一旦外泄，就无法回收和清除。因此，这些信息会被长期利用。特别是青少年的信息会被利用十年以上。这些信息不仅会长期用于商业，还必须警惕的是，如果住址被外人知晓的话，一些孩子甚至会成为犯罪分子下手的对象。

殊不知，如此大规模的外泄事件，始作俑者只是一位系统工程师。若是30年前，要搜集这么多信息，行为人恐怕要准备一辆大卡车，然后偷出大量文件。而

① 译者注：倍乐生公司是日本一家以出版和远程教育为主要业务的公司。

且对普通的民营企业而言，收集这种规模的顾客信息再以文档的方式进行管理，本身就非常困难。但到了今天，一部智能手机就能管控如此巨大的信息。

谁在保管着"我"

信息的数据化和网络化，外泄了本不应被别人知晓的个人隐私，甚至还可能导致个人极其隐秘的信息被外泄。可能有人认为我言过其实。

诚然，数据化、网络化并不意味着所有的文字和消息都会变成数据在网上流传。就拿我工作的房间来说吧。房间中堆积着令人压抑的大量书籍。书架上塞满了资料和文件，看起来随时要倒下了一样。地板上也胡乱摆放着废旧的报纸和杂志。这些全是承载在纸墨上的信息。

电子信息又在哪里呢？电子阅读器、CD、DVD，以及最明显的两台电脑、手机，甚至还有装进冰箱、洗衣机、空调、电视里面的电脑芯片，这些物品中都堆满了电子信息。只要打开电脑、电视、手机的开关，立刻就会与无限的电子信息连接到一起。现在全球传播的信息中据说只有1%是纸质版的，这个比例在未来恐怕会无限趋近于零。

我重新观察了一下周围，发现和书本、报纸不同，电子化的文字和影像只要不去连接，就等于是不可见。但实际上这里存在着一个误区。我们的生活是由平时看不见的大量信息构成的，这其中包括应该受到保护的个人信息。这些信息，都被我们不知道的某处"保管"着。

2013年的某一天，我接到了信用卡公司打来的电话："您在XX地方买了家电吗？"

这突如其来的电话着实吓了我一跳。我的信用卡好像被盗刷了，听到这个消息后，我赶快翻开钱包，只见那张信用卡正好好地待在钱包里。可能是网购的时候被别人盗用了信息，又或是在饭店刷卡的时候被盗取了信息。

不过，当时我还是觉得不可思议。为什么信用卡公司会知道这是盗刷呢？其实原因很简单。信用卡公司掌握了持卡人刷卡的数据，他们用各种方式对这些数据进行分析，进而找出其规律，这样就能判断信用卡是否被盗刷。恐怕盗取我信用卡信息的嫌疑人在使用的时候没有遵循这些规律，所以被监控系统捕捉到了。也多亏如此，最终我没有为他人盗刷的手表、手链等商品埋单。但此事恰好说明就算是极其重要的个人信息，也一直被人监控着。在某些情况下，还会轻易地外泄。

积分卡的陷阱

最近，在便利店或是餐厅消费的时候，店员总会习惯性地问我"您有积分卡吗"，忘了拿出积分卡的时候，总会觉得店员的提示很贴心。但店员这样做并不只是为了提供服务。企业想要你的消费数据，而积分卡就是获得这些数据的重要工具。如果你是一个热衷于积攒积分，每次消费都要出示积分卡的人，那很可能你的消费习惯已经被数据化，并完全暴露在别人面前。

假设中午你去便利店买鸡蛋三明治和咖啡，晚饭的时候一个人去餐厅点一份虾仁炒饭和饺子，之后去DVD店租借影片，顺便去便利店买杂志。如果每次你都出示相同的积分卡，那么你的消费场所、消费时间都会被数据化。随着数据不断积累，便可推测出你的读书爱好、家庭成员，甚至年收入。使用这类积分卡，等于在主动提供私人信息，或者说为交换积分而出售自己的数据。

试想一下，自己的信息到底被别人掌握了多少呢？银行和信用卡公司知道我们的收入和支出；若在网上买书，你当时的读书倾向甚至思想倾向都能被推测出来；如果在药店买药，你的病例可能也会被数据化。美国的某折扣商店通过分析顾客的购物记录数据，来推导怀孕顾客的消费模式。通过这种分析，他们甚至可以预测出顾客的分娩日期，并由此向目标孕妇推销各种商品。

在美国纪录片《你会同意使用协议吗》中，某公司向一位还在读高中的女孩赠送了孕妇产品的折扣券。这位女孩的父亲对此十分气愤，他抗议道："我的女儿还是个孩子，这是在教唆她怀孕！"但实际上，这个女孩确实怀孕了。虽然父亲和女儿朝夕相处，但公司通过女孩的购买记录，比父亲更早地察觉到女孩已经怀孕。

"我"的信息被不断整合

　　个人信息被泄露给国家和企业的一系列事件令许多人产生了忧虑。但与此相对，也有些人满不在乎："我没有做过见不得人的亏心事，所以即便展现给别人也没有关系。"

　　但假设你得过病毒性肝炎，你并不想让公司的人知道；或者你打算跳槽，你不想让别人知道你还有负债，这些不属于亏心事的范畴，但都是你不想暴露的。所以个人信息的保护，不是以"我没做过亏心事"这种情绪化的回应就可以解决的。

　　最根本的问题在于，网络上外泄的信息只不过是冰山一角。倍乐生信息泄露事件只不过让我们窥见了网络社会的一小部分陷阱，真正可怕的是我们的个人信息正在被不断整合。数据的特点就在于可集合性，利用数据的一方深知数据的规模越大越有价值，因此会最大化地收集数据。现在"大数据"一词不绝于耳，就是因为数据越"大"越有效。个人信息亦复如是。因此公司或网站都致力于整合分散的个人数据。

就像在便利店买便当，许多便利店都支持交通卡结算。这些交通卡被添加了电子钱包的功能，有的更是添加了信用卡的功能。航空公司的会员卡也是如此，手机更是集多种功能于一身，所以使用者会觉得非常方便。但在方便背后，各种各样的个人数据都在不断被整合。

若是这种数据整理发展到极致，将你所有数据都集中到一起，又会如何呢？可能会出现另一个数据化的"你"。而且最可怕的是，我们不能直接看到自己的"完整数据信息"。就是说，我们不知道自己的数据被收集到了哪里，又被收集了多少。

美国正在快速推进个人信息的完全数据化以及数据的有效利用。"9·11"恐怖袭击后，美国通过了《爱国者法案》①，对此产生了很大影响。国家可以检查个人邮件和电话，甚至连德国总理默克尔的电话都受到了监听。此事曝光之后还引发了国际问题。在一片混乱之中，谷歌等公司修改了隐私保护政策，向第三方提供个人信息已经不再与政策相悖。

《大数据时代：生活、工作与思维的大变革》的作者维克托·迈尔·舍恩伯格和肯尼斯·库克耶在书中这样说道：

"亚马逊调查用户的购物喜好，谷歌调查用户浏览网页的习惯。推特掌握了我们的心理活动，脸书能够分析出我们的人际关系。"

推特掌握了我们的心理活动，是指推特利用心理学手段对用户庞大的内容进行分析。脸书分析我们的人际关系，是指我们公开的好友名单，据说全球约10%的人口在使用脸书。现在，通过这些信息和用户发布在SNS上的消息，第三方确定出用户的身份并推

---

① 译者注：《爱国者法案》(USA PATRIOT ACT)，是2001年10月26日由美国总统布什签署颁布的法案，该法案延伸了恐怖主义的定义，扩大了警察机关可管理的活动范围。

测出用户的住址已经成为可能。

在网络时代，个人的基因信息到人际关系，都可以被数据化。在将来，可能所有的人都会被数据化，并时常被其他人"注视"着。

"我"被持续注视着

回想一下，在网络时代之前，我们对时常被注视着这件事非常在意。不管是以前还是现在，我们对暴露在他人的视线中都非常敏感。譬如曾因连环杀人被判死刑的永山则夫[①]就非常害怕别人的目光。社会学家见田宗介在其《目光地狱》一书中写道：永山则夫一直非常害怕，因为他感觉自己身处别人的"目光地狱"之中。

1968 年，永山则夫用手枪在东京、京都、函馆、名古屋等处多次杀人，这就是所谓的"永山则夫连环

①　译者注：永山则夫（1949—1997），1968 年，时年 19 岁的永山则夫因犯多起命案被捕入狱。在狱中，永山则夫刻苦学习，发表了多部关于犯罪的文学作品，并引发社会关注。1997 年永山则夫被执行死刑。

杀人案"。永山则夫当年只有 19 岁①，因此当时人们对他的死刑判决产生了争论，虽然现在永山则夫早已经被执行了死刑。

永山则夫自幼便被父母抛弃，在青森的一个小山村中过着贫寒的生活。严酷的生活使他走上了犯罪的道路，他先是犯了盗窃罪，之后逃到了没有人认识他的大都市东京。然而，他昔日的所作所为还是暴露了。他的黑历史被人"看到了"。此后，他就像失去了容身之处一样，深陷犯罪的泥潭。见田宗介认为案件的根本起因是永山则夫被别人看到了他的黑历史，这给他带来了恐惧感。

见田的学生大泽真幸将 1997 年"神户儿童连续杀害事件"②与此案作过对比。神户事件的犯人少年 A

① 译者注：日本一般 20 岁才被视为成年。永山则夫犯罪时 19 岁，为未成年人，当时日本还没有可给未成年人判处死刑的法律依据。一直到 1990 年，41 岁的永山才被判了死刑，并于七年后执行。

② 译者注：神户儿童连续杀害事件又名酒鬼蔷薇圣斗事件，是 1997 年发生在日本兵库县神户市的连环杀人案。此案共有两人死亡，三人重伤，被害者皆为小学生，犯人是一名 14 岁的少年，犯案手法异常血腥，进行包括分尸、破坏尸体、寄送挑战信等残忍行为。

在其声明中，将自己定义为"透明人"。与永山则夫正好相反，他是不被任何人所关注的人，他对自己的设定颇具现代意义。

还有 2008 年制造了"秋叶原杀人事件"①的犯人 K。

K 在网络上失去了容身之地，失控的他开始了无差别杀人。就算只是网络上虚拟的人际关系，若是被所有人无视的话也会引发现实中的杀人。这一事件让我不寒而栗。

上述三个加害者犯罪的背后都有一个共性，即对他人视线的执着。在他们眼里，被人看到了或是没有人关注都是非常重要的问题。

这三个年轻人都过于在意他人的视线，同时也内在化了"被人看到了"和"没有人关注我"。他们的问题既是主观的，又是客观存在的。那么以《目光地狱》的观点，纵观网络时代的现代人又是如何呢？

当前，被数据化了的个人无法在网络上意识到他人的视线。当然，数据本身是没有意识的。不过想

① 译者注：指 2008 年 6 月 8 日在东京都秋叶原发生的无差别杀人事件，犯人为 25 岁的男性加藤智大，事件共造成七死十伤。

一想，永山为了逃离他人的目光而藏身于大都市的人海之中，而我们却在毫无警惕的情况下将自己化作数据暴露在各个地方：在 SNS 上吐露自己的心声；通过搜索的关键词向运营者暴露自己的兴趣；通过消费数据向企业提供自己各种各样的信息。

最近别说基因信息，数据化研究还拓展到了个人的动作特点上。指纹认证、掌纹认证、人脸识别等系统就是其中一例。护照上的脸部照片已经被数据化，并被有效用于身份识别之中。

可以确定的是，每天某个地方都在收集我们的数据，但这些数据并不是纸质的可视化信息。因此，对于暴露在别人视线里这件事，我们往往浑然不知。其实，我们现在也处于"目光地狱"之中。"地狱"里，是被数据化了的另一个自己。或许可以说，我们分裂成了两个自己，一个是肉身的自己，另一个是持续游荡在网络上的数据化了的自己。

如果说还有什么对策的话，那应该是尽量避免产生自己的数据，或者尽量使自己的数据分散。关于被数据化了的另一个自己究竟处于怎样的注视之下，我们也只能交给想象力了。

Chapter 3

网络社会的匿名性

不知著作权为何物的互联网新一代

东京奥运会在准备阶段就波澜不断，诸如建设新国立竞技场的设计方案被撤回[①]、明治神宫球场借用问题[②]等，更有甚者，官方会徽的设计竟陷入"抄袭门"。虽然最终选定了新的设计，但其过程可谓是一波三折，而这一事件也与网络有关。

2015年夏，官方会徽被指抄袭，奥组委决定终止该会徽的使用。奥组委在解释中称："奥组委内部能够判断该设计并非抄袭，但普通民众不能理解。"

---

① 译者注：2015年7月17日，日本政府宣布撤回此前由伊朗裔英国设计师扎哈·哈迪德主持设计的东京奥运会主会场方案。

② 译者注：因神宫球场距离新国立竞技场较近，所以东京奥组委计划2020年5月至11月，借用神宫球场七个月作为奥运会的资材存放场地，此举引发了广泛不满。后来奥组委将借用期缩短为几十天。

这一解释实在令我震惊。其意思可以理解为，这件事的责任不在于设计师佐野研二郎[1]，也不在于奥组委，而在于无法理解这一点的普通民众。佐野自己也说："作为原作者，我想撤销（会徽的设计）。"因为他和家人无法忍受这种无端的指责。在他的话里，问题也是出在民众。

调查期间，人们还发现佐野在企划书中擅自使用了别人发表的网络图片。这使公众的疑惑又加深了一层。最后佐野不得不承认，在并未事先告知的情况下，他稍微更改了一下网络上的数据便进行了使用。

在设计领域，部分利用别人的图片数据，稍做修改，之后作为原创发表的，似乎并不罕见。但我们难以判断这样东西到底是模仿还是剽窃。这些最终要靠著作权这一客观标准来界定。这场会徽引发的争论虽然备受关注，但在诉讼之前就已经落下了帷幕。

---

[1] 译者注：佐野研二郎，日本设计师，2020 年东京奥运会会徽设计者，但因为设计作品与比利时的 Théatre de Liège 商标极为相似，被认为疑似抄袭，并陷入剽窃风波之中。

Chapter 3　网络社会的匿名性

　　著作权是知识产权的一种，著作权人可以在一定期间内独占作品的使用权。在各个领域，近年来侵犯著作权的问题屡见不鲜。比如 STAP 细胞事件①暴露出的学术不端问题、电影和音乐作品的擅自复制等。毫无疑问，这些事件之所以会屡屡发生，是由于网络和数字技术的普及，人们可以轻易地复制原作。

　　音乐评论家彼得·巴拉康②曾经说过："在互联网时代长大的人，似乎已经没有了著作权这一概念。"可以说巴拉康的话一语中的。人们免费下载喜欢的音乐、引用他人的论文拼凑成自己的毕业论文，这些行为每天都在上演。

　　著作权是很早以前就存在的一种概念，是随着约

① 译者注：2014 年 1 月，日本理化学研究所由小保方晴子带领的课题组宣布成功制作出一种全新的万能细胞，即 STAP 细胞。后因同行质疑，日本理化学研究所对其研究过程展开调查，后查明小保方晴子在 STAP 细胞论文中有篡改、捏造等不端行为。最终，日本理化学研究所正式宣布，所谓的 STAP 细胞无法复制，小保方晴子也被早稻田大学撤销了博士学位。

② 译者注：彼得·巴拉康（Peter Baraka），英国籍音乐评论家，1974 年赴日，之后一直以日本为中心开展工作。

翰·古腾堡①发明活字印刷术而诞生的。在那之前，人们必须依靠逐字抄写来制作手抄本。如果说书籍是硬件的话，那书籍上的文字则是软件。在没有活字印刷术的时候，著作物是软硬件不分的。但在印刷术普及之后，人们可以轻易地复制作品。这样一来，就有必要把书籍的软硬件分开了。否则作者就不能靠它来维持生计。这就是著作权产生的背景。

此后，又出现了照片、录音、影像和新的复制技术，为应对这一情况，人们加强了对著作权的保护。但复制技术越是发达，对著作权的保护就越是困难。

———————————

① 译者注：约翰·古腾堡（1398—1468），德国发明家，西方活字印刷术的发明人。其发明引发了一次信息革命，迅速推动了西方科学和社会的发展。

匿名性导致了网络上的鲁莽与轻率

　　在网络遍及全球的现代，著作权进入了新的阶段。如今网络上充斥着各种免费的视频、图片和信息，其中有些拥有著作权，有些没有著作权，而使用者并没有进行明确的区分。完全没有著作权意识的人也不在少数。他们每天都随意使用网络上的著作、文字、影像、图片，将这些东西融进自己的消息中发送出去。

　　现代网络用户有一种倾向，他们不仅认为接触到的信息可以随意使用，还希望自己发布的信息能得到扩散，被更多的人知道。甚至还有人认为那些宣扬著作权，对自己的著作进行保护的人违背了网络世界的道德。在他们看来，网络中流传的不是著作，而是免费的信息。知识和信息不应该被个人垄断，而应该被大家共享。

但对制作了文章、图片和影像的个人或组织来说，作品的著作权必须存在。没有著作权，创作也就无从谈起。同时，著作权旨在明确著作权人，这样作品出自谁手，才能在社会中得到明确。也就是说，著作权不仅是对权利的保护，同时也意味着明确了作品的责任。然而网络上的很多内容都没有作者信息。到底是谁的言论，是谁制作的图片和影像，我们往往不得而知。

SNS 以匿名为主流，不过脸书在用户协议中原则性地加入并扩大了实名制规则。它以"所有人都能安心地共享信息"为理念，但现实可能并不会如此顺利。

2014 年，脸书（日本）的匿名率超过了 10%。还有人伪装成名人发布一些假消息。脸书创立者之一的马克·扎克伯格最近在采访中表示："脸书的用户如果想要使用昵称也是可以的。"实名制这一原则已经不复存在。

互联网巨头企业谷歌运营的 SNS Google+ 在成立之初也采用实名制。但从 2014 年开始，还是变得可以使用匿名。脸书、谷歌发生这样的转变可能是因为网络这一媒体在本质上还是追求匿名性的。

在 SNS 上，最重要的是让别人看到自己的消息。所以要通过好友来扩大转发量。因此，内容必须尽可能地吸引眼球，并能持续获得转发。但个人每天发送的消息不可能全是有价值、有营养的。

在这种背景下，荒唐又无聊的内容自然会越来越多。其中，恶搞的视频和图片比较容易在网上传播。而这种包含负能量的内容，一般以匿名的形式发送。

曾经在社会上引发热议的打工自残照[①]，起因便是一些学生在自己打工的店铺恶作剧，将自己睡在冰柜中的照片上传到了网络上。他们的初衷是为了博得朋友的眼球，结果造成店铺关门大吉。信息的扩散超乎了当事人的想象，这些全是因为转发者对原消息不用负责。

此类事件屡见不鲜。如果有学生因校园欺凌而自

---

① 　译者注：原文为バイトテロ，属于日本的造语。英语直译为 Part-Time Job Terrorism。指在餐饮店和便利店等以兼职人员为主的店内，一些打工的学生或者年轻人为了吸引别人的关注，利用店内的设备、食品来进行恶作剧，之后将照片、视频发布到网络的行为。本书参考了一些中文资料，采用解释性的处理。

杀，人们便会热衷于查找欺凌者。届时被"人肉"出来的不仅是欺凌者及其家庭，就连被害者的家庭及班主任老师都会暴露在网络上。更有与事件毫无关系的人，就因为同名同姓，也在网上受到威胁。这些网络私刑都是在隐藏真实身份的情况下进行的。换言之，这正是由于匿名而引起的。结果，毫无关系的人蒙受了极大的损失，却连施加暴力者是谁都不知道。

在奥运会会徽事件中发现图片不当使用问题、引用他人论文未标注出处、未经授权使用别人的音乐作品、打工自残照、网络暴力等，这些事件似乎都是分散发生、毫无关联的。然而在事件背后，我们能看到这样一种态度，即网民对自己言论和内容的轻率及缺乏三思。助长这一恶习的正是网络时代特有的匿名性。

匿名的恶魔——少年 A

"当你注视深渊时，深渊也在注视你。"

这句尼采的名言想必很多人不会陌生，在欧美犯罪剧或犯罪小说中这句话经常出现。

2015 年，神户儿童连续杀害事件的凶手少年 A 出版了其手记《绝歌》，在书中他也写下了这句话。但在自己的犯罪手记中引用这句话，使得身为凶手的作者仿佛与事件无关，而只不过是一位说故事的人。这让我读起来颇为不快。

这本书是否应该出版引发了人们的议论。如果我们将这个问题观照在言论匿名化这一时代趋势之下，又会得到怎样的答案呢？

"'九十年代'是我人生中最残酷以及记忆最鲜明的一个时代。如果用一句话来概括的话，那就是'无法完全控制自己身体'的一个时代。我曾经是典型的九十年代少年。"

这不痛不痒的批判和满溢自恋的文字便是该书的一段。其自我分析像是在叙说他人的事情，作者究竟有没有直面自己的过去，我在心里画了一个大大的问号。

目前，全球范围内已经出版了很多杀人犯的手记。在这之中，有的作品并非单纯的自我辩护，可以用来理解导致犯罪的环境和凶手的心理，有些作品还可以当成一部文学作品来阅读。于 1970 年发现并出版的法国 19 世纪犯罪随笔《我，比埃尔·李维尔》① 就是其中的代表作。

犯下连环杀人案的永山则夫著有《无知的泪》，"联合赤军事件"② 的永田洋子③ 著有《十六个墓碑》，这些作品成了将他们的犯罪行为在社会和历史中定位的

---

① 译者注：该作品基于当年罪犯的手记以及后人的研究，编著者为米歇尔·福柯（1926—1984），法国哲学家、社会思想家。

② 译者注：联合赤军事件又称浅间山庄事件，指的是在日本于 1972 年 2 月 19 日—2 月 28 日期间，联合赤军在长野县轻井泽町河合乐器制造公司的保养所浅间山庄所做的绑架事件。

③ 译者注：永田洋子为日本联合赤军武装斗争事件的领袖人物，日本左翼领导人。1982 年，以反社会罪被判死刑，1993 年，日本最高法院确定了她的死刑，不过一直没有执行。2011 年 2 月 5 日，永田洋子在东京监狱病死，终年 65 岁。

材料。近年，杀害英国女性的市桥达也①出版了《被逮捕之前空白的两年零七个月》、秋叶原杀人事件的加藤智大写了《解》，这些作品中的部分内容因带有自我辩护性质而遭到抨击，但这些书也有助于我们了解凶手的部分心理。

开卷有益，但在阅读之前，我已经对《绝歌》的作者感到了厌恶。对我来说，这正是这本书和其他书的区别。我之所以产生厌恶情绪，是因为这本书是以"曾经的少年A"这种匿名的形式来出版的。

从法律上说，未成年人罪犯的名字的确不能公开。但他在创作此书之际，已经成年，那么就应该以真名出版，而不应该匿名。换句话说，若是不能公开自己的真实姓名，那这本书就不应该出版。想写什么是个人的自由，无论在日记中写了什么，别人都无从指摘。但公开发表的作品则另当别论。被害者及其家属的真

---

① 译者注：2007年，市桥达也在日本千叶县杀害了英国女孩Lindsay Ann Hawker（时年22岁，为英语培训机构老师），之后整容潜逃长达两年零七个月。千叶地方法院以杀人及强奸致死罪判处市桥无期徒刑。市桥不服上诉，东京高等法院维持原判。

实姓名早就被大家所知悉，而且在这位"曾经的少年A"的作品中，只有他自己是匿名的，书中光明正大地提到了被害者的名字。无论从哪方面看，他这种做法都不太妥当。

同时我也认为，这本书若是以真名出版，或者说他在写作的时候，就是为了以真名来发表，那么书中的内容肯定会变得完全不一样。只要公开了真名，就不得不为自己的言论负全责。反过来说，公开真名，等于他在这本书中赌上了自己今后的生存之路。借助此书，他可以来问询社会的反响。这也有可能成为他赎罪的开始。

匿名向纸质媒体扩张

匿名的话语有时会攻击各种各样的人，给人带来伤害。但写下匿名言语的人却被面具保护着，无须为自己的言论负责。《绝歌》的匿名出版，让我担心网络社会中的无责任性会蔓延到出版界。

最初语言和发言者密切地联系在一起。话从口中说出之际人们就知道发言者是谁，没有任何模棱两可的地方。文字出现并用于记录后，也出现了有时无法明确发言者的情况。到了近代，出现了"个人"这一概念，我们的社会也是由个人所构成的。在提倡个人的时代，发言者更加受到关注，特别是面向公众的言论、出版物等，以真名发言、以真名出版也成了一种要求。

以前我荣获芥川文学奖的时候，报上甚至还刊登了我公寓的地址。在 20 年前，这并不奇怪。那时我们都有心理准备，出版作品，将自己的言论公之于众，等于是将自己暴露在他人面前，同时也等于以真名承担责任。实际上我还收到过一些找茬的信件，说我是"花钱买奖"，尽管我当时穷得要命。

现在很多报纸的投稿专栏在原则上采用实名制，从对自己的言论负责这一点来看，这是应当的，但这样的专栏已经逐渐式微。然而我认为还是应将实名发表作为原则，并对此负起责任。

网络语言是否可以保护公共性

让我们再回到网络信息这个话题。除了邮件等隐私内容，其他信息不管本人是否愿意，都会被复制并传播到非特定的多数人手中。虽说手中的画面和键盘并不能实际展示出那些等待消息的人，但毫无疑问，网络就是一种公共空间。而且实际上，网络是衍生新词语的公共空间。只不过这里衍生出来的词语因为刚刚出现，所以并不成熟。就好比一个人只是孩子，但体型却像巨人。网络不能一直这么不成熟。它必须尽快成长，不能成为躲在匿名的背后，在无责任性的庇护下，传播有害言论和图像的地方。

除了无责任性之外，最令我担心的还有一点：在互联网上，犯错总比迟钝好。也就是说，比起犯一些错误而言，时效性才是第一位的。随便浏览一些网页，就能看到错字、少字。就算是正规的新闻网站也是如此。在讲求时效性的网络上，文章的错误并不能成为多大的问题。的确，文章表面的错误并不是本质的问题，只要订正就可以了。

然而，语言即思想。倘若人类是通过语言来进行思考和判断的，那么在速度第一的网络上，人类通过语言来进行的深思熟虑、反躬自省等行为，就会开始受到轻视。如果今后的社会以网络上流行的语言为核心来进行运转，那么对人类而言，很可能语言会变成生鲜食品。生鲜食品重视的是新鲜度，因此思考的积淀以及人类的历史将变成无关紧要的东西。这样一来，语言将不再是我们思考的工具，而是仅会成为一时穿梭在网络中的信息。如果将来变成了这样，真的是一件非常恐怖的事情。

Chapter 4

网络剽窃并非智慧的行为

在网络上演的 STAP 事件

网络社会所带来的最大问题在于语言剽窃。这里所说的语言包含电子化了的口头语言和书面语言，以及图像、视频等。也可以说是信息，但是只说是信息的话，无法完全体现出语言是人类进行思考和表达情感的工具。在语言剽窃的背后，也与情感及思考有关。

"剽窃"这一词是解开网络社会问题的关键点，但现实中盗窃的一方没有意识到偷了别人的东西，受害方对于自己的被盗也浑然不知。社会对此类剽窃的关注正越来越淡薄。

让我们从网络剽窃这一视点出发，回顾一下著名的 STAP 细胞事件，这样我们就会深刻地体会到其严重性。

2016 年 1 月，小保方晴子的《那一天》，摆满了每个书店的显眼位置。从2014年年初小保方晴子发表STAP细胞相关论文算起，到《那一天》出版，STAP细胞事件前前后后已经有大概三年时间了。直到创作本书之际，事件中心人物的爆料书还成堆出现在书店里，说明很多人还在关注事件的走向。我相信，这场纷争，作为具有代表性的社会事件，今后还将会被人们重新提起。

为什么普通人很少涉及的分子生物学领域，会受到如此多的关注，甚至在网络上还上演了一出STAP大戏呢？原因就在于"故事"的趣味性以及"演员"的魅力。我们再来看看整个事件。

"颠覆现有生物学常识的新发现"是这部戏的第一幕，这条新闻一出现，就吸引了众多眼球。没过多久画面一变，迎来了第二幕——"别人的质疑"。新发现的万能细胞到底是真实存在的，还是论文伪造出来的？这究竟是不是一场欺骗？故事的情节突然转向了丑闻，人们对此事的关注度越来越高。接下来的第三幕又变成了主人公及周围人的心理剧。真是扣人心弦，整场"演出"也越发走向高潮。

事件的女主角是某大型研究所的学术带头人。不过更有噱头的是，这位学术带头人还是一位与众不同的美女，比起粉色的墙壁①和白色的工作服，她更喜欢烹饪服。在观众之中，有人并不关注研究的内容，只是单纯支持女主角，还有的人把她视为受害者表示同情。

最后，2014 年 7 月 2 日，她在《自然》杂志上发表的论文被全部撤回，关于 STAP 细胞的学术发现也成了一纸空谈。这场"演出"就这样迎来了大结局。然而这只是在电视和报纸上。

现在，网上又出现了新的阴谋论，比如"STAP细胞还是被美国夺走了""笹井芳树②是他杀，小保方被人算计了"等，甚是热闹。

回顾之后不难发现，一路为 STAP 事件推波助澜的就是网络言论。视频网站从头到尾直播了小保方晴子的记者见面会，让公众对论文产生怀疑的也是针对研究人员的论文验证网站，而不是电视或报纸。

---

① 译者注：在小保方晴子发在网上的研究室实验照中，其研究室的门及周围为粉色，另外在多张照片中，小保方晴子本人所穿的白色服装并非工作服，而是白色的烹饪服。

② 译者注：笹井芳树是小保方晴子的导师。2014 年 8 月 5 日，因为卷入论文造假丑闻在日本理化学研究所大楼内自缢身亡。

2014年2月初，就在电视、新闻、杂志等传统媒体大肆吹捧小保方之时，网络上已经有人指出了论文图像疑似存在问题。可以说这是网络这一新媒体发挥的真正价值。

　　但是网络并不是把社会导向正确方向的万能媒体。正如此次事件，网络往往会引起毫无意义且不妥当的争论。

网络是 21 世纪的怪兽

以数字技术为基础的互联网在 20 世纪末开始急速扩张，现在已经覆盖全球。其影响力之大，堪比一头怪兽，就算称其为"怪兽媒体"也不为过。

邮件、电报、报纸、出版物、广播、电视等传统的信息媒体，就算合为一体也战胜不了互联网。不，与其说战胜不了，还不如说传统媒体已经被互联网吞噬了。邮件变成电子邮件，报纸变成网络新闻，出版物变成电子书，广播、电视都可以用手机或电脑收听、收看，音乐和电影也可以通过网络下载。

日记、对话和独白都变成博客或者在 SNS 上的发言。

此外，网络并不像电视一样只能单方向地传达信息。在网络上，人们既是接收者，也是发送者，并且这些都可以在瞬间实现。人们甚至还可以通过网络进行视频对话。

下面，我将网络上的文字、声音、图片、视频统称为网络语言。

此前我们使用的语言主要可以分为两种，即发出声音用耳朵听的口头语言和用文字记录可以阅读的书面语言。这两种语言分别通过声音和纸张这两种媒介来发挥不同的作用。

但是网络不一样。在这里，口头语言（声音语言）和书面语言（文字语言）的交流可以同时进行，甚至还可以加入图片和视频等影像。网络语言丰富无比，传统媒体和网络相比，在语言的使用层面上完全不在一个档次。正因为如此，现代人依赖网络语言的程度，要比以前人们依赖口头语言和书面语言的程度更甚，而且将会越发依赖网络语言。

网络语言的便利性是伪造横行的根源

从网络语言这一角度出发，重新审视 STAP 事件的话，我们现在所面临的窘境便一目了然。开始的质疑主要针对细胞照片，而受到指摘的研究人员辩称："只是拿错了，并非恶意伪造。""只是为了方便理解而稍微加工了下。"这些疑问和辩解，让我不由得想起了中学时代理科教室中的一段往事。

我的好友当时是生物部部长。有一天，我进教室的时候，他正在专心地看着显微镜，完全没有注意到我。出于恶作剧的心理，我突然大叫了一声他的名字。结果他非常生气，并且好一段时间都没理我。因为我的恶作剧，使他画坏了观察素描。

边看着显微镜边徒手作图绝非易事。如果图画想要达到能收录进论文的程度，就必须耐心地反复训练，我也是那个时候才知道这些。

现在已经不用这么麻烦了。只需轻轻一按就可以获得精细的数码图片，而且不论是修改还是拷贝都非常方便。STAP细胞论文中的图片就是数码图片。

但是图片和数字信息的易复制性，也导致了近年来学术不端问题层出不穷。

2005年大阪大学医学论文伪造图片数据、东京大学大学院工学系研究科12篇论文伪造数据，2012年名古屋私立大学19篇论文不正当使用图片、东京医科牙科大学3篇论文伪造数据、东邦大学麻醉科172篇论文伪造数据……这些事件的当事人基本都受到了除名等严重处分。

实际上，2014年1月，即STAP事件拉开序幕之前，还发生了另一起较大的数据篡改事件。但当时只有部分报纸进行了报道，故事件很快就被人们遗忘在角落里。

日本政府和制药企业斥资33亿日元致力于阿尔茨海默病早期诊断方面的研究。这个项目投入了大量纳税人的钱，却疑似有很多临床数据被人刻意更改过。

《朝日新闻》报道称，东京大学的代表研究员甚至向共同研究员发送了"封口"邮件。东京大学以前在白血病治疗药物研究的过程中，也有过将患者个人信息交给制药企业的情况。此外，东大分子细胞生物学研究所原教授组的论文也存在学术不端行为。

　　这一连串的信息泄露、篡改和伪造事件，全都最大限度地利用了网络语言的便利性。

信息技术加速了学术不端行为的横行

为何围绕医学论文、临床数据有如此众多的学术不端行为呢？有人认为是生物化学和医疗领域成了创造巨额财富的市场，研究者面临诱惑太多，所以丧失了道德底线。

但这是非常片面的看法。因为研究者为了名誉和财富而对论文进行造假的行为，绝不是近年才有的事。

拿生物领域来说，就有 1926 年奥地利的"产婆蛙婚姻瘤染色事件"①，以及 1974 年美国发生的在小白鼠身上涂上黑点，伪装成皮肤移植的"萨默林老鼠兔

---

① 译者注：大部分青蛙都是在水中交配，到了交配期，雄蛙的足趾上会长出黑色角状疙瘩，俗称婚姻瘤。婚姻瘤的作用在于交尾时，雄蛙可以紧抱住雌蛙。但产婆蛙是陆地交配的青蛙，因此并没有婚姻瘤。1926 年奥地利科学家坎梅拉宣称自己通过实验，使产婆蛙长出了婚姻瘤。但最后查明，实验结果是伪造形成的。

疫事件"①等。身处数字时代的我们可能会认为，对实验动物进行染色，是一种笨拙且容易暴露的伪造。但当时的确有人这样做了。

那么为何诸如此类的学术不端行为，现在会频频出现呢？其实道德低下并非原因，只不过是结果罢了。

网络信息的便利性，降低了不端行为的门槛，这才是原因所在。造假的技术门槛越来越低，使不端行为大行其道。

在国际上，对科学实验记录有不成文的规定。规定非常详细，旨在防止不端行为，包括文章必须手写以便分辨笔迹、不得使用修正液等工具以防止篡改等。也就是说，要证明实验记录，靠的不是数字化的语言，而是传统的书面语言。因为伪造手写记录并不被别人发现，需要下相当大的工夫。

---

① 译者注：20 世纪 70 年代初，美国科学家威廉·萨默林声称，他成功地将黑老鼠的皮移植到了白老鼠身上。这对器官移植领域而言具有重大意义。1974 年，萨默林的造假行为被揭露，原来，他是借助一支黑色的毡制粗头笔"改造"了实验对象。实验室中一位助手注意到，小白鼠背上的黑色斑点能被洗掉。后来，萨默林承认了一切。

而 STAP 事件中细胞的实验记录极其粗糙，存在不少漏洞，甚至无法验证。因此研究者主要发表的是细胞的图片数据，事件的申辩也是围绕图片数据展开的。也就是说，人们从网络语言之一的图片切入，而忽视了实验记录这一手写的书面语言。

　　篡改、伪造手写的实验记录和手绘的显微镜草图非常困难，但修改数码图像，从网络上复制别人的论文却简单至极。不端行为的门槛越来越低，或者可以说已经没有门槛了。这正是发生这次不端事件的关键。

　　这种将电子信息（图片）视为重点，而将手写的记录视为附属品的想法及态度造成了 STAP 细胞事件和其他伪造、篡改事件的发生。

　　现在，网络语言成了创造的基石，手写的书面语言已经越发式微。STAP 细胞事件也只不过是这样一个时代的缩影。

不端行为始于 2005 年

返回头去看，可以说 2005 年是科技和产业方面道德低下及不端行为开始蔓延的一年。

在这一年，大阪大学、东京大学被频频爆出数据造假，同时引发社会关注的，还有对建筑物的抗震强度进行造假的结构计算书伪造事件。

在建筑上我是一个门外汉，不过我也知道，手写的结构计算书非常复杂且难以伪造，但若是想用电脑程序修改计算书，对专业人士来说并不困难。同时，由于篡改的证据位于电脑程序之中，外人很难看到这种暗箱操作，这也是诱发不端行为的重要原因。

而且，篡改等不端行为波及的领域越来越广。2010 年，大阪地方检察院特搜部检察官前田恒彦为了隐匿证据，修改了用作物证的软盘。前田仅用了简单的几步，便修改了证据的时间。可以说，伪造已经变得没了门槛，同时也更加不易被发觉。

STAP 细胞事件中，在小保方晴子的博士论文被网民指出有不当引用行为后，其母校早稻田大学的相关院系，也针对其他研究人员的论文进行了检查。

关于论文的不当引用行为，很早以前在不少大学就发生过。一些学生随意复制和粘贴他人的文章内容，结果许多论文中都存在不当引用。为了防止这一行为发生，一部分大学要求学生在提交论文之前必须用软件进行查重。据说在某大学中，约有 10% 的毕业论文有行为不端之嫌。然而问题并不是靠研发优异的查重软件就可以解决的。

越是年轻的一代，越是认为复制粘贴和不当引用并没有什么不妥。他们甚至认为，这是一种聪明的信息利用手段。整个社会对网络信息的不当引用和篡改的抵抗力都在日渐淡薄。

在 STAP 细胞事件中，当我们知道实验记录这一书面语言是伪造的，并不能得到验证时，这件事就应该拉开序幕了。但是该研究机构和社会的关注点都局限在图片数据这一网络语言上。相对于电子化的信息，纸张上的书面语言受到了轻视。

　　在网络中，转发等引用行为每天都在发生。而且在网络上，自己的语言和别人的语言都是以同样的形式显示在同样的画面中。由于重复的语言和图片所构成的对话、引用、修改发生在同一画面上，并且以同样的形式进行，因此自己语言和他人语言之间的界限就变得模糊。就算是他人的信息，在我们感到共鸣并转发的一瞬，这就变成了自己的语言。网络将这种错觉常态化了。现在，频繁发生的信息造假、信息造谣行为，也正是这种错觉的衍生物。

当虚拟成为现实

当网络语言中长大的一代人最终成为社会主流群体时，人们对不当引用、伪造的意识可能会产生很大变化。或许网络世界中新的语言技术会给现在的我们带来难以想象的常识和道德的变化。

可能有人也会持反对意见，认为重要的是现实，现实要比网络重要。确实如此，但是我们也可以这样想：假设临床数据受到了伪造，这些并不存在的数据，只要内部不揭发，外人很难知晓。当它们慢慢变成治疗手段和新药流向现实世界时，现实的世界便被虚拟的信息改变了。

最为棘手的，还是网络世界中现实和虚拟已经浑然一体。在这里，谎言和真实同时存在，想要分辨极其困难。STAP 细胞事件，让我们窥见了网络语言中事实与虚构事实的不可分辨性。网络语言以及其丰富巧妙的内容，逐渐包裹住了现实。也许在未来，现实社会将逐渐被网络谎言所吞噬。

　　在网络上搜索的话，还能搜到小保方晴子回应公众时的视频。在视频中，小保方用高昂的声音说道："STAP 细胞是存在的！"她的这番话，也让我切实感觉到了网络所创造出来的虚构事实的确是存在的。

　　现代社会，网络成了信息传达和交流的工具。人们放弃了自我思考，开始依靠网络搜索。网络正极大地改变着我们的思维方式、精神世界、人际关系，乃至社会本身。

　　五百年前，古腾堡创造了西方活字印刷术，社会由此产生巨变。纸张和墨水构成的信息使《圣经》得到普及，推动了宗教改革。此外各种各样的近代思想广泛传播，形成了近代国家的雏形。现在我们讨论的宪法也是凭借书面语言才得以成立。互联网只有几十年的历史，但它和活字印刷术一样，蕴藏着可以改变人类历史的巨大影响力。从这个意义上而言，我们的社会正站在一个巨大的十字路口上。

Chapter 5

泛节日化加速了人们的自恋

变装人群的狂欢

三个 20 岁左右的女生正缓缓走来。她们打扮得非常少女，在人群中格外显眼。黑色的蓬蓬裙加上修身的网袜，脖子上是配套的黑色项圈。这种装扮名为哥特萝莉①。她们的脸涂得像死人一样煞白，眼周画了夸张的紫色眼影，看上去就像僵尸一样。不过话说回来，卸妆之后她们应该也是普通的女孩吧。

在即将擦身而过时，其中一人突然抬起了一只手，我连忙躲开，却一不小心碰到了她柔软的大腿。我连忙道歉，但她并没有理会，只是用抬起的手和我身后的男人击掌，并小声喊了句"耶"。我回过头去，映

———————————

① 译者注：哥特萝莉（Gothic Lolita），以黑暗风格和哥特忧郁风格为主，结合萝莉式的纯真跟哥特风的灰暗颓废两种极端风格而成。

入眼帘的是一张年轻男子的脸。他的红唇画到了耳根下，额头上还画着闪电形状的黑线。没想到我的身后竟一直走着一个化着怪诞妆的男人，这令我有些惊讶。

他身上还散发着奇怪的味道。我从刚才起就闻到了一股消毒液的味道，原来就是这个男人发出来的。我突然想起刚才在涩谷中心街也闻到了同样的味道。可能这股味道是今年万圣节的潮流。

由于非常不舒服，我想尽快从这里离开，但在熙攘的人群中，我也只能随波逐流。幸运的是，人们完全无视了我，因此我不用挤出笑容，也不用扮成令人害怕的僵尸。这让我稍微感到轻松了一些。在哥特萝莉和怪诞妆男人的眼里，根本不会存在穿着普通外套的中年男人。我不过是行走的障碍物罢了。

仔细观察了一下，我发现拥上涩谷街头的这群人有自己的规则，或者说他们为了构成集体，衍生出了自己圈子里的规矩，其中包括是不是穿着 Cosplay 服装这种一目了然的东西。此外还有很多只可意会的规矩。比如单手拿着手机随时捕捉可以拍照的人或物，身上带有消毒液或浓重的香水味道等。在混乱的人群中，这些特征就是他们所具有的圈内规矩。

　　在各种各样有形无形的规矩的紧密结合之下，这里形成了一种集体感。而我完全融不进去。我身处其中，却被排除在外，这是一种极为矛盾的状态。

　　那么，如果我换上和他们类似的装束，就能和他们同化吗？我并不这么认为。因为我的内心会抗拒。只要我还将他们当作某种群体来冷眼旁观，我就绝对无法融入他们。

社区丧失造就了万圣节

上面是 2015 年 10 月 31 日我在涩谷的亲身经历。为什么我要提到涩谷的万圣节呢？因为涩谷的万圣节正是网络所带来的泛节日化的产物。下面让我们来看一下万圣节和网络的关系吧。

据万圣节翌日的新闻报道称，日本各地的街头聚集了大量的年轻人，他们身着自己喜爱的新奇服装，相互击掌，聚在一起狂欢。不仅如此，街上的饰品店、理发店、居酒屋等的店员们也换上了万圣节服饰。我家附近的蛋糕店玻璃柜上也装饰了万圣节南瓜，店员们还戴上了黑色的女巫帽，穿上了黑色斗篷。全世界恐怕只有日本才会有这么多成年人参与万圣节。

万圣节源自美国，原本是小孩子的节日。在日本，前些年万圣节也是在幼儿园等场所作为儿童活动来举行的。大量的成年人参与是最近几年的事。

　　基督教有万圣节前夜（All Hallows' Eve）这一宗教活动，这正是万圣节（Halloween）一词的由来。在美国，孩子们在这一天会扮成女巫或鬼怪在附近挨门逐户地索要糖果。然而日本只吸收了变装这个环节，之后演变为近来日本的万圣节。

　　其实，变装不是万圣节的重点，孩子们去拜访左邻右舍才是。而且想要实现这一点，邻里之间必须形成一个熟人社区。曾经就发生过一桩悲剧，一位日本留学生在万圣节期间变装后外出，因找错了住家而被误以为是强盗，最后遭枪击而死①。悲剧的根源或许就是因为该社区并没有稳固的地缘基础。

---

① 译者注：该事件发生于 1992 年 10 月 17 日，美国路易斯安那州巴吞鲁日市郊外，日本称"日本留学生射杀事件"。被害人（时年 16 岁）等人当晚为了参加万圣节派对于变装之后外出，但因对路线不熟，走错了地址。在被害人按下门铃后，女主人看到了被害人奇怪的打扮，立刻锁门并要求男主人拿枪前来。据称男主人曾发过警告"Freeze"（别动），但被害人错听为"Please"（请进）而继续前进。最终，男主人开枪。被害人在被送往医院的路上死亡。事件发生后，男主人被提起公诉，但12 名陪审员一致认为其无罪。

每次听到万圣节，我最先想到的是孩童时代体验过的一次节日。那是与万圣节完全不同的一个节日，气氛宁谧又充满了情调。

那还是二十世纪五六十年代的事情，地点在福冈市东区的箱崎町。

暑假开始后不久的某天傍晚，孩子们聚到一起，穿着特意准备的浴衣①，趿拉着木屐，手上挂着线香袋，开始在左邻右舍转悠。每户人家都在昏暗的庭院前摆放上陶瓷的或石质的容器。容器里点着一根蜡烛，走近再看，里面还铺着浅褐色的柔沙。沙上摆着小小的瓷人、水磨小屋、野猪、小熊等，形成了一株盆景。而在盆景一角，则留着前面孩子线香的灰烬。我们也拿出手里的线香，点燃后插了上去，接着静静地双手合十，闭上双眼，朝着住家的方向说了一句"晚上好"。没多一会儿，一位老婆婆慢腾腾地走出来，给我们每个人手里都塞了糖豆，之后我们继续前往附近其他摆了盆景的住户家。

---

① 译者注：此处指轻便的夏季和服。

这是箱崎地区的一个传统节日。我也是最近才知道，节日最初是为了祭奠六百多年前在多多良滨之战[①]中的死者。

同样是孩子做主角，同样是挨门逐户地索要糖果，虽然没有什么变装，但是我们换上了为这天而准备的新浴衣。

可惜的是，这个节日在当年就差不多要消失了。我记得我只参加过两三次，之后就完全没有印象了。好像在我小学三四年级的时候这个节目就已经没有了。我家是这个地区的新居民，从来没有在门口放过盆景。而随着新住户的增多，传承这项节日的住户也越来越少。最终，这小小的节日便消失了。

日本应该有很多消失的节日。随着地缘社会的瓦解，此前传承下来的小范围节日也就逐渐失去了群众基础，最终只能走向消亡。

---

① 译者注：1336 年，发生在足利尊氏和菊池军之间的一场战斗。

网络助长了泛节日化的出现与发展

　　与传统节日不同，日本的万圣节是近年才流行起来的。它并没有地缘性这一基础，那它到底是如何形成的呢？毫无疑问，是网络的力量。

　　像万圣节这样，靠网络上的联系而聚集起来的活动现在屡见不鲜。2014年世界杯期间，涩谷的全向十字路口①聚集了众多年轻人，尽管日本队非常遗憾地输给了科特迪瓦队，但这些年轻人仍然相互击掌②。

　　他们亢奋的状态，甚至让人觉得他们为了看比赛

---

①　译者注：涩谷全向十字路口 (Shibuya Pedestrian Scramble)，在行人通过时，四个方向的汽车都会停驶，并且十字路口的斑马线也是全向的。据说最多一次可通过三千人。由于该路口在电视和网络上的曝光率非常高，目前已经成为东京的一个观光景点。

②　译者注：此处指 High-Five，英语里有时也写作 Give me five，是美国文化手势的一种。击掌代表的意思随不同的语境而有所变化，一般为问候、祝贺或者庆祝的意思。

而聚到一起其实只是借口，他们真正想要的，还是在十字路口相互击掌。我把他们聚在一起互相击掌的行为称为 High-Five 狂欢节。

这几年，足球比赛之后涩谷经常会出现 High-Five 狂欢节。聚集到一起的基本上是年轻人。除了互相击掌之外，不认识的人也会互相搭话并一起拍照留影。

他们是通过脸书、推特等社交媒体聚集到一起的。我们不难发现，现代社会人与人在现实生活中的联系已经越来越少。曾经，邻里之间围绕着地缘来打交道，但现在这种意识已经变得淡薄。亲人之间的血缘也不如以前那样坚实。在职场中，合同工不断增加，终身雇佣的情况已经不像过去那样理所当然。随着员工的流动性不断提高，公司缘也几乎感觉不到了。我们越来越难以感受到人与人之间的真实联系，这就是我们社会的现状。近年来，之所以强调"联系"与"纽带"，也正是因为我们已经变成了一个人际关系淡薄的"无缘社会"，也就是缺什么才想要什么。

在地缘、血缘还起作用的时代，各地都会举行自己的传统节日，如地区性的盂兰盆节。推崇大家族主义①的企业，还会自己举办盂兰盆节或运动会。那时候，我们很少听到有人强调"纽带""联系"等词语。但地缘联系变弱之后，再加上经济衰退以及人口减少等因素，传统的节日逐渐淡出了人们的视野。

现在，都市型的狂欢秀正在逐渐扩大。仅在东京地区，就有和以前的浅草三社祭②完全不同的高园寺阿波舞节、原宿超级鸣子舞节③、浅草桑巴嘉年华，以及品川、世田谷等地的灯会等各种各样的活动。这些活动从各种地区移植到东京，每年都聚集了大量的观众。参加者从数十万到上百万，无不规模庞大。

这还不只是东京的现象。日本各地都有鸣子舞节、灯会，有的还成了当地的特色活动。这些都市型祭典填补了人际关系薄弱地区的空白，并得到了发展。烟

---

① 译者注：即认为公司就是一个大家庭。

② 译者注：每年5月第三周的周五、周六、周日在东京浅草举行的大型祭典活动，也是东京最大的传统祭典。

③ 译者注：鸣子舞节，日语为 Yosakoi，语源为日语古语"欢迎夜晚到来"，因此又译为夜来祭。这是一种起源于高知县的大型祭典活动，现在发展到了整个日本。活动中，舞者们会身穿鲜艳的服装，手持鸣子（类似响板）。最初仅有盂兰盆舞，现在还有桑巴、摇滚等形式。

花大会、赏花、露天的大型摇滚音乐节等活动，广义
上都是现代节日庆典的一种。只要稍加注意，就会发
现日本已经成了一个满是节日的国家。这种新状况可
以称为社会的泛节日化。

变装是隐藏自己的小道具

那么，由主办方提前计划好，并有序进行的各种庆典活动，与在涩谷自发形成的万圣节等 High-Five 狂欢节是否一样呢？虽然两者增多的背景都是因为人际关系的逐渐淡薄，但其感觉和氛围还是不同的。

High-Five 狂欢节的特征在于亲民性。比如万圣节，换上服装，化好万圣妆聚到一起就可以了。人们可以全身心地投入到短暂的狂欢中，尽情地享受欢乐，可以感受到平时没有的连带感。类似的还有共同观看体育比赛、一起听音乐会等，通过这些活动也能享受到群体中的快乐。

变装后，和大家一起过万圣节，实际上在东京迪斯尼乐园和日本环球影城①早已有之。在这种地方，比

---

① 译者注：日本环球影城（Universal Studios Japan），位于日本大阪，是一座电影主题游乐场，分为纽约区、好莱坞区、旧金山区、哈利·波特的魔法世界、水世界、亲善村、环球奇境、侏罗纪公园八个区域。

起乘坐娱乐项目，游客们更喜欢变装后在乐园内漫步。据说在万圣节期间，入园的游客会比平时增加。

在日本环球影城还有"恐怖之夜"活动，因为每次举行时会有数千年轻人装扮成僵尸聚集在一起，所以颇为有名。

奇装异服似乎凸显了个性。但是实际上呢？日本队比赛时，球迷们在自己脸上涂上油彩；《星球大战》上映时，影迷们戴上黑武士的头盔。变装也和这些行为一样，是一种隐藏个人、抹杀个性的行为。人们通过打扮成大家共有的符号，来掩盖自我，如此，才可以尽情地宣泄感情，释放能力。也就是说，人们通过舍弃个体，以获得在群体中的连带感。

这几年，往往可以见到很多中学生没有得花粉症，也没有得感冒，却一整年都戴着口罩上课。因为隐藏住脸、不暴露自己能让人感到安心。这种感觉也和万圣节的变装有关联。

所以，这些狂欢活动中的变装，与其说是为了享受变装的乐趣，不如说是为了隐藏自己，从而获得平时得不到的宣泄时间。在此同时，也是为了获得和群体之间的连带感。

一切狂欢不过是网络素材而已

参加万圣节等狂欢活动的人，通常都是一边自拍，一边上传照片。与其说他们在享受氛围，不如说他们在比拼谁能拍出更多的照片。对于上传的内容，他们也希望能获得点赞并被转发。

不少的参加者从自家中出发到抵达主题公园，再到从公园回到家里，一路上都在直播自己的动态。在现场互相拍照的同好们，在 SNS 上也互有关联。这些现象对并非沉浸在 SNS 上的人来说有些遥远，但只要稍微搜索一下，就能立刻看到大量这类的照片和视频。

也就是说，主题公园的活动、万圣节以及世界杯比赛之后涩谷的狂欢等，这些泛节日化现象若是离开了网络便无法形成。

街头的狂欢不像主题公园的活动那样，有事先制定好的规则。正因为如此，在 High-Five 狂欢节中，网络发挥着重要的作用。因为想要迅速召集人员，在一定时间内占据公共场所，网上的联系非常重要。

如此众多的人在短时间内聚到一起，采取同样的行动，这在没有 SNS 的时代是无法想象的。这逐渐形成了一种新型的节日祭典。像鸣子舞节和灯会那样，不需要每天练习舞蹈，只要有兴趣马上就能参加。通过 SNS 就能轻松找到志同道合的人。在网络上，到处都是这种活动的照片和视频。

与泛节日化相似的，还有曾经流行一时的"快闪"。在街头、广场、车站内等公共场所，行人突然凑到一起开始跳舞。周围的人对此瞠目结舌。不久，表演结束，舞者们又像什么都没发生过一样各自散去。应该有很多人看过快闪视频。

快闪看起来像是突发状况，但实际上是进行了周密计划的。为了表演时能让路人感到惊讶，直到开始之前，表演者们都尽量不引起注意。录影的摄像头也已事先准备好，以便能录下包括观众在内的所有细节。只要一结束，视频就会立马上传到网上流向全世界。

快闪的舞台是现实中的公共场所，观众也是现实中的行人，但实际上，这些只不过都是制作快闪的素材罢了。亲眼见到过快闪，或参与过快闪的人非常少。我没见过也没参与过。但是，几乎所有人都在网络或电视上看过快闪的视频和影片。

　　也就是说，快闪是一种伪装成实时记录的网络视频，快闪的本质就是为了制作这种视频。在这个过程中，现实的公共场所成了舞台，行人成了临时演员。快闪其实和涩谷的万圣节等 High-Five 狂欢节或主题公园的变装表演等活动都互有关联。这些活动的舞台，最终都会转移到网络上。现实中的万圣节也不过是网络这虚拟舞台的素材罢了。

参加者是渴望被关注的人

假设参加这些活动的人，是希望在网络中被关注。那么他们就必须要有自己鲜明的招牌动作。

在涩谷街头身着奇装异服互相击掌的人，实际上也清楚地意识到了自己是一个表演者。他们看起来沉醉在人与人相连的连带感中，同时又孜孜不倦地用手机自拍，向 SNS 发送消息，但其实上他们都是冷静地发送着"自我报告"的人。

High-Five 狂欢节之后，据说涩谷车站的检票口处有许多赶着回家的年轻人互相说着"辛苦了"。这普通又平静的一幕和快闪结束时非常相似。照理说传递惊讶和感动的影像应该在路人的拍手喝彩中结束，但实际上都是在表演者若无其事离去的背影中结束。

这个场景可以看作是表演者们回到日常生活的开

关。击掌、表演的连带感和狂热终究不是日常的行为，它是制造出来的虚拟之物。"辛苦了"是人们从狂热中醒过来的寒暄，是日常和虚拟之间的边界线。

如果把他们看作是以街头为舞台的表演者，那这样的例子在过去也有很多。比如昭和时代，每周在东京代代木公园跳舞的竹之子族①就是其中之一。同一时期非常流行的暴走族也将"被人关注"看作是他们的一种动力。

但是，这些人是在日常生活中也联系在一起的伙伴。这是和参加现代新庆典的人非常不同的一点。新庆典以网络为核心，短暂聚集，当场解散。我认为暴走族之所以衰退，不仅是因为年轻人精神层面的变化（变顺从了）和政府管理加强，也是因为地区人际关系的淡薄和地缘的解体。当不再需要维护伙伴之间的日常联系的时候，竹之子族和暴走族便都失去了他们存在的基础。

---

① 译者注：竹之子日语意为竹笋，但竹之子族，其实是源自一家名为竹之子服饰店的店铺。这家店 1978 年在东京原宿开业。所销售的都是一些宽松并鲜艳的服饰。当时有很多喜欢这种服饰的年轻人聚集在原宿的步行区，伴着音乐一起跳舞。

泛节日化的狂欢实现了虚拟与现实的连接

前面已经说过，现代的节日庆典不再以地缘为基础，而是以网络为基础。对参加庆典活动的人而言，现实生活中和网络上的人际关系完全不同。活动结束之后，他们清醒地说着"辛苦了"并各自离去也正是因为如此。

在很早以前，类似的现象就经常在网络上出现。比如当人们集体攻击某评论或博客时，我们把这种现象叫作炎上现象①，这种行为也可以被认为是一种泛节日化的产物。其实网络上非常容易形成群体，但这种情况的群体是虚拟的集体，和现实的集体完全不同。

那么，又该如何定义在 High-Five 狂欢节上聚集

① 译者注：炎上现象类似国内的"火了"，但不同的是，日语中的"炎上"带有负面的色彩，一般是指批判和攻击的声音蜂拥而来。

到涩谷街头的人们呢？他们在狂欢的一瞬间确实是活生生的人。但是，占领了全向十字路口的他们确实又是为了网络中的虚拟世界而存在的。两者之间的关系就好比电影的摄影现场和作品完成后放映作品的屏幕。摄影现场是现实世界，但它只不过是舞台的幕后。真正的舞台存在于屏幕中的虚拟世界。因此现实中的High-Five 狂欢节，也可以看作是为了网络上的自我表现而存在的。

那么从公共性这一角度出发看 High-Five 狂欢节的话，又会怎么样呢？网络的虚拟空间暂时性地占领了全向十字路口这一公共场所。可以说公共性被虚拟化了。

而这种现象绝不少见，实际上日常中也在小规模地发生着。比如在电车中，许多人都会使用移动设备畅游虚拟空间，这时候，比起与周围某个乘客之间的联系，他们的意识优先存在于同网络上某人之间的联系之中。

但是，他们终究还是现实中的乘客，所以他们的意识不可能永远在虚拟的网络上，他们的意识要在虚拟和现实中往来。或许可以说，他们的意识经常处于被虚拟和现实割裂的状态。

万圣节和 High-Five 狂欢节，不只在于装束和行为。它将网络上的虚拟空间和现实中的道路连接到一起，使公共场所中的虚拟和现实同时存在。这才是它的奇妙之处。

现代人在逐渐远离现实中的人际关系

变装在主题公园这样的泛节日化空间并不奇怪，但它突然进入到街头这种日常空间后，便有人认为，日常被泛节日化的活动占领了。对于我这种非互联网重症患者来说，这不啻为一种突然袭击。虚拟与现实的融合、虚拟与现实的模糊是现代人们屡屡谈及的话题。这不仅涉及个人意识，还涉及公共空间，High-Five狂欢节正是其象征。

还有一点我颇为关注，那就是越来越多的现代人希望远离现实的人际关系。

博报堂^①每年都会举行生活调查。2014年的调查显示，回答"人际关系麻烦"的人占到29.2%，比

① 译者注：日本第二大广告公司。

1998 年增加了六个百分点。

现代人在逐渐远离现实的人际关系，但与此同时，越来越多的人却在网络上以自恋模式去待人接物。浏览一下社交媒体和社交软件就会发现，各种形式的变相自恋比比皆是。在万圣节狂欢中那些自拍的人就是鲜明的例子。他们拿着手机，无论走到哪里都会自拍并上传。他们聚集到一起，实际上是为了制作自画像。

的确，如果想回避现实中的人际交往，自恋式地生活，那么网络上虚拟的人际关系要简单得多。网上可以认识很多人，数量多到现实世界无法想象。而这些速成的人际联系也可以随时重置。网上被"点赞"越多，心情就越舒畅。偶尔回到现实世界中，便逐渐开始通过 High-Five 狂欢节这类短时间的体验，来消费人与人之间的连带感。

如果网络继续渗透到我们的生活，人际联系将会产生更大变化。现在，我们就正处于这变化之中。

Chapter 6

人们渴望受到关注

马拉松是孤独且哲学的运动

不管怎么说，泛节日化已经开始改变我们的日常生活，而网络则起到了推波助澜的作用。对于这一点，我先来说说体育赛事。

近来，各种体育大会其实都是彻头彻尾的商业活动。大会按照程序执行，进程都在周密的掌控之中。除了比赛本身之外，其他的事项都按照预先设想的那样进行，充满了一种节日化的仪式氛围。

说到日本即将举办的体育盛事，肯定要提 2020 年东京奥运会。不过此前还有一届 1964 年东京奥运会①。在市川昆②导演的纪录片《东京奥运会》中，详细地记录了当时的盛况。

---

① 译者注：东京还获得过 1940 年奥运会的主办权，但由于当时日本处于战时体制，所以于 1938 年宣布放弃举办奥运会。

② 译者注：市川昆（1915—2008），日本演员、编剧、导演。

说到 1964 年东京奥运会，马拉松比赛给我留下了极深的印象。在比赛中，埃塞俄比亚的阿比比·比基拉①众望所归，夺得了冠军。片中的比赛画面让我不由得发出赞叹。

　　摄像机紧跟在阿比比的身侧，阿比比身体的摆动幅度非常小，步态完美、动作优雅。侧面看去他毫无表情，只是沉默着向前跑动。他的周围飘荡着理性的气息，真的是不辜负他"奔跑的哲学家"的称号。身边的摄像机，沿路的观众，他都视而不见，或许他都忘了自己正在比赛，只是全身心地沉浸在某种孤独的深思之中。

　　日本选手圆谷幸吉②跟随阿比比第二个回到了国立竞技场，但在冲刺阶段输给了身后的英国选手希特利。在圆谷幸吉被超越的瞬间，竞技场的观众席上发出了类似悲鸣般的呐喊声。恐怕在电视机前观看比赛的日本人也是一样吧。

---

① 译者注：阿比比·比基拉（1932—1973），埃塞俄比亚长跑运动员，两枚奥运会金牌得主。历史上第一个获得奥运会金牌的非洲黑人运动员。

② 译者注：圆谷幸吉（1940—1968），生于日本福岛县，自杀时年仅 27 岁。

最后，圆谷幸吉获得了第三名。在到达终点的瞬间他似乎昏了过去，被工作人员扶出了赛道。我那时才上小学三年级，以为他会就这样死去。

但圆谷幸吉恢复之后，马上又以墨西哥城奥运会为目标开始了训练。但谁会想到，四年后，就在墨西哥城奥运会即将召开之际，他留下一封遗书后自杀了，遗书中写道："我非常疲惫，已经跑不动了。"[①]

当我在报纸中看到这则消息时，惊讶得简直不敢相信。原来他在跑步时竟是这么痛苦。那时我甚至感到，是那天在国立竞技场为他呐喊的人以及在电视机前为他鼓劲的人那种渴望胜利的心情将他推向了死亡。

对那时的我来说，马拉松选手是像圆谷幸吉那样付出自己全部的奔跑者。马拉松比赛是一个人的孤独，是只有少数人才能参加的运动，这种特殊感受至今未变。我偶尔会跑个十公里左右来锻炼身体，但从来没有想过挑战 42 公里长的全程马拉松。

---

① 译者注：圆谷幸吉自杀，引发了日本社会的广泛关注。一些日本主流媒体认为"是国民的期待造成了对人性的无视"，批判了日本当时的"奖牌至上主义"。

泛节日化的市民马拉松

最近，人们对马拉松的看法有了极大的改观。马拉松已不再是特殊的体育精英才能独享的竞赛，而成了稍加训练便能参加的低门槛运动。或者说，马拉松比赛已经泛节日化。现在日本每年会举办 70 余场正式的马拉松比赛，仅跑完全程的人就超过 30 万。"市民马拉松"在日语里已经成为一种固定说法。

任何马拉松比赛都有大量的参加者。以东京马拉松为例，参加人数有 3.7 万人（2016 年），沿途为他们加油鼓劲的则超过了 100 万人。比赛开始前，都政府办公大楼前挤满了参赛选手，气氛非常热烈，如同过节举行活动一样。选手中有的穿着奇装异服，有的穿着 Cosplay 服。发令枪响起之后，他们的能量被释放了出来，这种一瞬间的跃动感，正如同节日里的仪式启动。

我的一位朋友经常 Cosplay 成上班族参加马拉松比赛。身着黑色正装，系着领带，只有脚上穿着跑鞋。有时道路两旁还会传来"开会要迟到了哦！""社长要超过你了哦！"等有趣的助威声。不过，由于近来参加者众多，在比赛资格抽选中"落选"的人也越来越多。

在日本举办的马拉松比赛中有一项捐助制度，只要捐赠十万日元的慈善金就能获得参赛资格。在东京马拉松比赛中有三千人选择了捐助。

无论哪个市民马拉松比赛里面都会有大量化着夸张妆容的变装跑者。色彩斑斓的训练服以及华丽的奇装异服对泛节日化的马拉松来说是必备的元素。

有些马拉松大赛的初衷是为了拉动地方经济，所以补水站会放上当地的料理、甜点、食材等。跑者们可以拿着这些跑步，还可以和沿途的志愿者击掌，享受比赛中的各种乐趣。甚至还出现了"美食跑步赛"（Gourmet Run）这一说法。在市民马拉松中，沿途加油的人准备好手机或数码相机，寻找按下快门的瞬间。

跑者们也是拿着手机，边拍边跑。之所以这些市民马拉松能发展到这种程度，这也是部分原因，即人们参加马拉松，其实是在创作发到网上的素材。有的人甚至就是为了在社交媒体或博客上晒一晒照片才报名参赛的。

另一方面，专业的马拉松比赛在近年却变得不太受到关注，有的还被迫中止。传统的马拉松大赛已经被泛节日化的市民马拉松所吞噬了。

阿比比沉浸在自己的精神世界中，沉默着跑完了42.195公里。而现在，马拉松已经成了市民们制作照片、视频以及上传内容的舞台。

被网络泛节日化的日常生活

抛开体育赛事，稍微注意一下就会发现，我们的日常生活中也充斥着各种各样的节日庆典。这些节日庆典全是靠网络推动的。

大型女子偶像组合 AKB48 握手会上聚集了数万名年轻人，与握手会相关的照片和信息当天刷爆了整个网络。在东京附近举办的同人志即卖会上，三天时间来了 50 万人，网络上到处都是在这些活动上 Cosplay 的年轻人的图片或视频。漫画本身是通过纸张来表现的，但对漫画盛会来说，网络成了必不可少的媒介。

网络还为餐饮的泛节日化做出了贡献。除了 B 级美食大会① 这类美食活动之外，新店开业、知名店门口

---

① 译者注：B 级美食，在日本指便宜好吃的日常美食，最具代表性的有拉面、咖喱饭、猪排饭等。

排起的长龙、进店后的美食照片，都成了人们在网络上发布的素材。其中有些人的目的本来就不是为了吃饭，而是为了寻找网络发布素材。有时大家还会上传自己在家做的家常菜。听说有的女性为此还会特意制作一些外观诱人的菜肴。这也是日常饮食生活被泛节日化的一种表现。

日本原本就有很多铁道迷，在网络普及之后，粉丝数量进一步增长。新干线新线路开通时的首班车，或者蓝色列车①的最后一班，每次一有纪念活动，粉丝们便会蜂拥而至。除了特殊的情况外，一到休息日各地的铁道摄影地都挤满了人。网络上充斥着大量的铁道相关图片，SNS上也有很多铁道兴趣群。

世界遗产同样是泛节日化的对象，或者说世界遗产本身就是旅游胜地，而旅游也早就被泛节日化了。

---

① 译者注：蓝色列车（Blue Train）是日本的一种卧铺列车，在日本运营了长达半个世纪之久。由于社会的发展，这种列车的竞争力逐渐走低。2015年8月22日，最后一班蓝色列车"北斗星"号从札幌开出，次日到达东京。当时现场逾千位铁道迷蜂拥到月台上与蓝色列车的最后一班告别。

只要成为世界遗产，马上就会有大量的游客造访。网络上也好，电视上也好，新的世界遗产都无疑是热门话题。其中也有一些世界遗产在热度消散之后，又回归了平静，还有一些世界遗产很快就"过气"了。这种一时的喧闹与起伏，正如节日本身。

除此之外，还有不少城镇举行以打破吉尼斯纪录为目标的活动。通常这种活动中都会有地方吉祥物参加。或许可以说，这些地方吉祥物也象征着地方自治体①所推进的泛节日化。

夏天一到，日本各地都会举办烟花大会，这也是日本传统的节日祭典。整个夏季，将有数千万发烟花点亮日本的夜空，而据说烟花大会总计超过一千场。大型的烟花大会有数十万人参加，其中大多数人都会拍摄夜空中的烟花，然后将照片或视频上传到网络上。

和夏日里的烟花大会一样，每到岁末，点缀在街

① 译者注：日本的地方自治体指不由中央政府下派官员，而由地区公民自己选举产生的政府。同时中央政府与地方自治体政府之间也不是上下级关系。

头的灯饰也会成为网络上的话题。"第九"①演奏会也是年末的一道风景。鼎盛时期，有近一百个地区举办"第九"演奏会。可是，在贝多芬的故乡德国几乎不举办这样的音乐会，日本的这一现象其实非常奇怪。再如有 50 万人参加的浅草桑巴狂欢节。总之，国外的风俗习惯短时间内就会在日本成为热门活动。特别是每年的 12 月 31 日，还会有倒计时。这也是舶来的习惯，但现在已成为日本的惯例。

学校的教育也在推进泛节日化。除了体育祭、学园祭等传统的校园活动，在教学计划中也加入了舞蹈②。舞蹈课程或许是学校吸引学生的一种手段。我将这种现象称为教育的鸣子舞节化。舞蹈和网络的亲和度很高，非常能吸引眼球。作为这种教育的鸣子舞节化的体现，现在有一些全国性的舞蹈大会，也有小学生、中学生、高中生参加。

---

① 译者注："第九"指贝多芬 d 小调第九交响曲，主题合唱曲为《欢乐颂》。

② 译者注：日本的很多传统节日庆典有跳舞的环节。因此作者才会说舞蹈课程会推进泛节日化。

　　除此之外，我们最近还经常看到以"某某甲子园"①命名的文体竞赛。比如在高中举办的电影甲子园、短歌甲子园、俳句甲子园、书道表演甲子园等，这些活动不胜枚举。

---

① 译者注：甲子园是日本高中棒球大赛的俗称，由朝日新闻社与日本高中棒球联盟主办，体育场为日本兵库县西宫市阪神甲子园球场。由于"甲子园"一词的知名度，现在出来了很多以此来命名的高中生竞赛活动。

步行者也成了看点

街道本身也在泛节日化。东京原宿的竹下街①每天都有各种庆祝活动。这条道路非常拥挤,若想前往明治路的话,从表参道过去更快。但为了观察一下社会百态,只要有机会,我都会从竹下街走。

简单来说,竹下街是被女孩们占领了的异次元泛节日化空间。这里不仅有亚洲其他国家的女孩,还有从欧洲过来的女孩。每个女孩的穿着都非常"可爱",有的女孩还打扮成动漫或游戏角色。就算是素不相识,她们也会互相拍照。但这并不是合影留念,仅仅是为了能在网上晒晒照片而已。

还有一个能称之为泛节日化空间的地方,那就是

---

① 译者注:竹下街,汉字写作竹下通,是东京涩谷区有名的商业街。街上店铺鳞次栉比,每到休息日就会人流攒动。

涩谷的全向十字路口。

在八公犬广场斜对面有一栋名为 Q-FRONT 的大楼，大楼二楼有一家星巴克。背对八公犬的话，就能看到星巴克靠窗一侧坐着一排顾客。他们看起来都像是游客，正透过窗户俯视着全向十字路口，每个人都是边喝咖啡，边用手机拍照。对于很多外国游客来说，这里已经成了一个知名景点。

还有一处能看到全向十字路口的场所，那就是"JR 涩谷站"和"京王井之头线涩谷站"的连接走廊。这里经常会挤满了眺望的人。此外，附近的酒店也都将酒店内的咖啡厅进行了改装，专门设置了能看到全向十字路口的座位。

不过，这里为什么会成为一个观光景点呢？因为这里是世界上步行者最多的十字路口，最多可以一次通过三千人。人流之庞大全球绝无仅有。当然，这个数字并不是万圣节或是球赛后的人流数字，只是平时正常的数字。据说工作日的时候，这里有 40 万人，周末则有 60 万人。

十字路口的一次绿灯只有不到 50 秒，但步行最多的人，要走 36 米。人们擦肩而过，其中还有骑车的人。这么多的人要在短时间内通过十字路口，对外国游客而言确实是值得一看的集体表演。

广告车也在推动泛节日化

　　涩谷的巨屏广告也非常有名。不论白天还是黑夜，高楼外墙总是五光十色，伴随着各种音乐与词语，播放着各色的影像，宛如电影《银翼杀手》①中描绘的未来城市一样。外国游客或许会产生在逛主题公园的错觉。

　　除此之外，广告车也在这里凸显着非日常的氛围。这里是东京都内广告车出现最多的地方。而广告车是非常好的拍照素材，在网络上也经常看到它们的图片。

　　广告车即广告宣传车，就是将车厢部分改装成广告牌，之后在繁华地段流动传播的货车。在灯光的照

---

① 译者注：《银翼杀手》1982 年上映，是一部以 2019 年的美国洛杉矶为背景的科幻电影。

耀下，车身广告色彩绚丽，极富视觉效果。再加上车内扩音器不断播放音乐，广告车也成了泛节日化的重要元素。

我曾经和广告车司机聊过。虽然广告车的外表非常显眼，但我更好奇他们是怎么选择路线的。可是从网上没查到有用的信息，询问运营方也没有得到什么回答，所以我选择了直接和广告车司机聊聊。

借着红灯停车的时机，我和一位司机搭了几句话，他答应过几天接受我的采访。这次采访非常有意义，我收获了很多令人感到意外的内容。乍一看去，我们会认为广告车是随便游走于繁华地段。但实际上他们的展示是有计划的。

假设现在要宣传某摇滚乐队的 CD，而当天在武道馆正好有该乐队的演唱会，如果 CD 的消费人群与演唱会的听众重叠的话，在演唱会开始前和结束后的时间段里，广告车就在会场所在的九段地区四处游走。如果是 IT 相关公司或商品的展示，广告车会在秋叶原附近进行流动宣传。如果是风俗业的相关广告，广告车会在新宿歌舞伎町周边。因此，他们的行车路线是经过精心规划的。网络或朋友之间发送的拥堵信息，对广告车来说也非常重要。和普通的车不一样，拥堵路段正是广告车大显身手的地方。因为在行人越多的地方停留得越久，对广告的展示就越有利。另外，只要没有发生特别危险的情况，广告车是禁止鸣笛的。就算有行人闯红灯也是一样。因为这样会给广告效果带来负面影响。也就是说，广告车是遵循一定规则，按照事先设定好的程序来忠实执行的。

听说某位广告车司机在展示偶像团体"岚"时，还在等红灯之际遇到"岚"的女性粉丝递来慰问便当这样的突发事件。

虽然广告车是针对路人进行宣传的，但他们也在争取出现在电视画面中。电视台在街道上设置了许多摄像头，在新闻节目或天气预报的前后，会反复播放数秒的街头景象。如果广告车上的广告刚好能出现在这段影像中，那宣传效果就会瞬间放大。

电视节目中最受广告车追捧的是富士台著名的午间长寿节目《笑笑也无妨》。在节目开始前的数秒内，画面会播放在 Studio Alta 大楼 ① 前聚集的粉丝的身影。同时，作为背景的十字路口也会出现在画面中。如果此时刚好能把广告车停在这里，那车上展示的广告也会出现在观众的眼中。这样等于瞬间向整个日本做了宣传。

广告车司机虽然以此为目标奔走，但他们最直接的目标是 Alta 楼前红绿灯东侧的第三个十字路口，即新宿三丁目十字路口。通过这里的时机非常重要，据广告车司机称，在右拐的信号即将消失前，从明治大街拐进新宿大街，只要没有遇到堵车，那么就有很高的概率正好可以停在 Alta 面前。因此他们会为了找准时机进入新宿大街，尽量在事前调整好速度。

之所以涩谷的十字路口经常会有广告车出没，也是因为这里有较大概率能上电视。涩谷的全向十字路口是最常出现在电视画面中的街头景象。除此之外，这里还聚集了追逐时尚的年轻人，因此以他们为目标

---

① 译者注：Studio Alta 大楼位于东京新宿，过去该楼的第七层是多功能演播室。2016 年 3 月，演播室已经停用，同年 11 月改为剧院对外营业。

客户的广告必然也会在这里集中投放。

广告车的游走，看似随机性的，其实也和大厦外墙上播放的广告一样，都是按照计划在进行的。他们都给街头带来了极为规律性的秩序。在街头布置这种视听类的工作，就像电影的布景一样，都是在营造一种精心设计后的场景。如果再加上行人们有序的步行，就会形成泛节日化空间。涩谷全向十字路口泛节日化的关键词就是秩序。

因此，这里不会让来看风景的人的期望落空。这里是由秩序构成的泛节日化空间，随时都为到访的人们展现出他们所期待的风景。

谁是表演者，谁又是看客

涩谷全向十字路口以某个时刻为分界点，转瞬间便被泛节日化了。诱发这一切的，正是手机。因为手机，全向十字路口的景象传遍整个世界。看到这些景象的人来到这里，自身也融入景象之中。泛节日化之后的街道不会抗拒任何人。人们可以用手机自拍，作为节日的参加者在网络中展现自己。在这种循环下，行人成为供人们游览的对象。涩谷形成了一种极其罕见的泛节日化。

占领竹下街的少女是为了展现自己而来。通过展现自己，便可以融入群体之中。这一点和万圣节相似。在万圣节中，人们为了展现自己的 Cosplay 而来，同时也沉浸在当时的氛围之中，并欣赏别人的 Cosplay。

每当我来到涩谷全向十字路口或竹下街时，不管我愿不愿意，都会被卷进节日的氛围中。或许我已经意识到自己成了游客手机的拍照对象。不知何时起被迫成了节日活动的参与者，这让我觉得非常不适。

传统祭典中也有表演者和观看者

涩谷全向十字路口和竹下街中交错着两种视线，即现代节日中特有的观看者和被看者。如果说这是手机时代特有的现象，那么，以前参加传统节日，即祭典的人们又是怎样的关系呢？

柳田国男①在《日本的祭典》一书中写道：祭典是一种拜神仪式，是一种具有宗教色彩的行为。但是后来渐渐地发生了变化。对于变化，他在书中是这样分析的："日本的祭典最重要的一个变化是什么呢？若要一句话概括，那便是出现了观看的群体。也就是说，一些人并没有共同的信仰，最多是从审美的角度来观看祭典的仪式。这使都市的生活更加多彩，也使我们

① 译者注：柳田国男（1875—1962），日本民俗学的创立者。

幼年时期的节日变得欢乐。与此同时，也养成了旁观祭典的一种习惯。"

在这里，本来只属于当事者的拜神仪式中加入了只需要旁观的人。祭典中诞生了观众。

镰仓佛教中有一个宗派是一遍上人①开创的时宗。时宗的一项特色是舞蹈念经。在《一遍圣绘》中，详细地描绘了僧侣们一边念经一边舞蹈这一颇为有趣的场景：

在木质的简陋高台上，众多僧侣用脚踏响地板，兴高采烈地跳着舞蹈念诵佛经。他们脚上的动作整齐一致，想必当时一定有节奏地回响着"咚咚咚"的声音。这之中还有拿着小型太鼓的僧侣。而这幅画中值得我们瞩目的一点是，在高台四周围着许多民众。他们抬着头，观看高台上僧侣跳舞念经。从周围还停着公卿的牛车②来看，观众中一定还有达官贵人。

这种边跳舞边念诵佛经的活动被认为是盂兰盆会舞的起源。而在镰仓时代，这种活动就已经具备了表

① 　译者注：一遍上人（1239—1289），日本时宗的创建者。
② 　译者注：日本平安时代的贵族一般乘坐牛车。

演性质。

　　本来，祭典是仅限于当事者的拜神仪式，但从这时候开始，它成了供人们观看的活动。虽说在传说祭典中就诞生了观众，但现代节日活动中的视线还是发生了变化。视线在表演者和观看者之间并不是单向的，而是错综复杂不断往复的。并且同一个人，也是表演者和观看者不断转换的。

涩谷全向十字路口的泛节日化也将转瞬即逝

　　在泛节日化的活动中，表演者和观看者的界限变得模糊。全民参与型的活动随处可见。比如在漫展中，为出售自己作品而来的人、为展示自己 Cosplay 而来的人、为寻找好的作品而来的人并没有明确的区别。展示作品的人也会观看他人的作品，从而变身为买家；展示自己 Cosplay 的人也会观看他人的 Cosplay，从而变身为摄影者。也就是说，所有人都是参与者。

　　大概在十年前，通过手机进行连载的手机小说曾掀起过一段热潮。其中的热门作品在发行单行本后能获得上千万的读者（多数是年轻女性）。2007 年，手机小说更是独占了文学类图书销售榜的前三位，成为一种社会现象。如果将其作为一种泛节日化的行为来审视，其受欢迎的原因便显而易见了。

当时，手机小说有数万个品种，内容大同小异，女主角都有不幸的经历，不是父母离异，就是遭遇过暴力、妊娠和堕胎。这种数量众多，但情节结构大同小异的情况，在小说领域是极其不寻常的。就好像这些小说的情节都是按照一定的规则发展一样。尽管文章和内容都非常拙劣，却能收获众多读者。这让大型出版社也开始涉足手机小说的出版，并启用了有名的作家。但这些作家的作品却被读者们无视了。

这到底是为什么呢？实际上，手机小说虽然看起来是文学作品，但它并不是已完成的商品，只不过是泛节日化的素材罢了。阅读和创作手机小说这一泛节日化的行为才是商品本身。

说得再简单一点，那就是在手机小说的世界里，读者同时也是作者。这和上面提到的泛节日化活动中的视线一样，是一种双重构造。她们把自己的作品发表在手机上的同时，也在看别人的作品，并发送"好感动，也看一下我的作品吧"之类的感想。这是每位参与者的日常任务。之所以会出现这样的情况，是因为她们各自的作品的篇幅都是简短到能收进手机画面中的，同时这些年轻女性之间还衍生出了一种参与意识。

在网上出名的一部分作品在发行单行本后能火起来，也是因为纸质书能够将这种泛节日化的内容体现为具体实物。最初是仅仅展示在手机中的个人表现，最后却升华为一种大规模的活动，在安静的亢奋状态中，这些年轻女性奔向各家便利店的书籍售卖区，只为买下已经在手机上阅读过的内容。这既是节日的结尾仪式，同时也是节日的纪念品。当出版社和名作家集体出动时，节日已经结束了。

现在，手机小说已经没有多少人关注了，这个节日已经结束了，也正是因为它的结束，我才要特别提到它。靠网络成立的现代节日，终究会走向消亡。可以说，网络创造了一些暂时性的、虚无的东西，形成了现代的泛节日化活动。

就像前面提到的快闪。街上的行人突然开始跳舞或演奏乐器，结束后又像什么都没发生一般各自散去。但这些影像流传到网络上，使得世界各地的人都在网上看到了这些视频。虽然快闪风靡一时，但现在已经成为过去式。它也是一时性的泛节日化产物。

涩谷正在进行再次开发，据说还计划增加全向十字路口通过行人的数量。也就是说，开发者希望将游客不断的泛节日化十字路口定为城市规划的中心。但是说到底，全向十字路口的泛节日化能持续多久呢？本身这里的火爆情况就在城市规划的预想之外。这里的泛节日化是靠路人、网络聚集而来的网民以及网络上流传的图片、视频所组成的。如果没有网络的话，这里应该不会出现这种情况。

我想，每天出现在全向十字路口的泛节日化最终会迎来终点。游客们也会逐渐远离这里，就像快闪和手机小说那样。

网络图片、视频和消息在被上传、扩散之后，也就走向了终点。数年之后还被人点开反复观看的影像为数甚少。

在网络上，新鲜度是关键。如果已经在其他地方见过类似的图片和影像，人们立马就会厌倦。就像生鲜食品卖场的番茄和鱼一样，失去新鲜度后，也就毫无价值。

　　经网络推动而泛化出来的节日，生命照样短暂。现在，小猫小狗等动物的视频，还有小孩的视频在网络上正流行。但是在数年之后，这些视频的数量就会大量减少。因为人类是没有多少常性的。

Chapter 7

如何正确对待网络视频

网络视频特有的残酷性

电视的影响力日渐式微。

据 NHK 放送文化研究所对 0—19 岁、40—49 岁、50—59 岁以及 60 岁以上人群所做的研究显示，上述人群观看电视的时间都在减少。此前因为老年观众较多，长时间收看电视的数据一直保持了较高水准，但目前各类人群的收视时间皆呈现了减少趋势。[①]

年轻观众此前已经在逐年减少，现在就连中老年观众也越来越少了。

究其缘由，主要是大家使用手机和平板电脑上网的时间越来越多。尤其近几年，通过网络还能看到高清视频。与电视相比，网络视频的一大优势在于观看

---

① 原书注：数字来自《2015 年日本国民生活调查》。

时间自由。此外，网络视频不仅能观看，还能自己拍摄并发布。这种参与性是网络与电视的最大不同。对于观看过的视频，观看者还能进行评论，并分享给他人。相较于电视，网络视频与观众之间构建了一个较为平等的关系。但网络视频也有我们必须要警惕的一面。

让我们稍稍回忆一下，2015 年 1 月，网上出现了一部视频。这部视频，恐怕现在许多人还记忆犹新。视频中，两位日本人——汤川遥菜[①]和后藤健二[②]被一个名为 IS[③] 的武装组织所杀害。

在视频中，戈壁荒漠，寸草不生，天空却澄澈无比。汤川和后藤跪在地上，后顶尖刀。阳光之下，两人的身影投射在地面上。他们被要求向阳而跪，因为

[①] 译者注：汤川遥菜（1972—2015），日本民间军事企业的经营者。2014 年前往中东地区，2015 年 1 月被 IS 处决。

[②] 译者注：后藤健二（1967—2015），日本记者、自由撰稿人。2015 年 1 月被 IS 处决。

[③] 译者注：IS 为英语 Islamic State 的缩写，中文翻译为"伊斯兰国"，全称为"伊拉克和大叙利亚伊斯兰国"，是中东地区的一个极端恐怖主义组织。

逆光而显得非常晃眼。他们的表情并没有僵硬，或者说，他们紧皱的眉头正是他们还活着的证明。不过，视频上传到网络后，其真实性却在一时间遭到了质疑，因为画面过于鲜明，整体给人一种故意为之的感觉。

之后，网络上传出了汤川和后藤被杀害的照片。还有人上传了火焚约旦飞行员的残忍视频。这些接连出现的杀戮视频让我们再次认识到，人类对于这些残忍暴力行为的恐惧。

在中东，将日本人抓为人质并杀害的事件此前也曾经发生过。2004 年，伊拉克的武装势力曾将三名日本志愿者抓为人质（最后释放），还曾经杀害过日本游客①。当时，日本有很多人认为这完全是被害者咎由自取。生还的这几位年轻人，包括其家人在内，都受到了恶毒的言论攻击。

———————

①　译者注：被害者名为香田证生，他以游客身份进入伊拉克，之后被卡扎菲武装组织绑架。武装组织以此要求日本政府撤走 600 名自卫队士兵，但遭到了小泉纯一郎的拒绝。最后香田被斩首。

网络上的"零距离"

可是，为什么在欧美各国都没有出现的咎由自取论，却在日本出现了呢？在 2004 年的人质事件中，受害的几位志愿者饱受非难，时任总理大臣的小泉纯一郎也对他们的行为进行了忠告。然而，时任美国总统的布什，却对几位年轻人的勇气表示了钦佩，这使得日本人大为吃惊。对于在海外被监禁或遇害的新闻记者与志愿者，日本与欧美各国的看法迥然不同。

这是因为，关于中东战事，欧美各国绝非局外人。欧美各国不仅派兵参战，还有很多士兵命丧疆场。而在"9·11"事件中，纽约遭到了攻击。从某种意义上来说，当时美国本土与中东战场处于"接壤"状态。世贸大楼遗址现在被称为 Ground Zero①，也预示着受到攻击

---

① 译者注：Ground Zero 原指大型炸弹、原子弹等武器的爆炸中心，现在也用来指世贸大楼遗址。世贸大楼遗址中文又译为归零地。

时，这里与中东的距离为零，即 Distance Zero。

此外，欧洲也被恐怖袭击所困扰。2015 年，巴黎发生了恐怖袭击事件[1]。2016 年，布鲁塞尔也发生了恐怖袭击事件[2]。更有甚者，在欧洲各国国内，有些人还与 IS 等中东极端组织产生了共鸣，继而形成了本土恐怖主义[3]。因此，对于欧美各国来说，中东的战事就发生在自己身边，不是凭一句"咎由自取"就能将战争从视线中排除出去。

我们再看看日本的情况。根据新闻报道，在人质事件发生之后，东海地区[4]的清真寺的确接到了不少诸如"滚出日本""你们都是垃圾"之类的辱骂性电话与邮件。但这种对伊斯兰教的厌恶正中 IS 的下怀。IS 上传视频的目的，就是希望在全球范围内扩大伊斯兰与非伊斯兰之间的对立，扩大双方之间的战火。

---

[1]　译者注：此处指"11·13"巴黎恐怖袭击事件。2015 年 11 月 13 日晚，在法国巴黎发生了多起恐怖袭击事件，共造成至少 132 人死亡。

[2]　译者注：此处指"3·22"布鲁塞尔恐怖袭击事件。2016 年 3 月 22 日上午，在比利时的布鲁塞尔发生了多起爆炸案，共造成至少 32 人死亡。

[3]　译者注：英文原词为 Homegrown Terrorism。

[4]　译者注：东海地区指日本的东海地方，一般指日本本州岛中部面向太平洋的爱知、岐阜、三重、静冈四县。

视频正在摆弄我们的情绪

让我们把视线放回视频本身。在 2004 年的日本人质事件中，恐怖分子上传的视频是用普通的家用摄像机拍摄的，画质很低劣。但 2015 年上传的视频却出自高清摄像机。拍摄也不是在昏暗的室内，而是在室外的自然光线下进行的，画面非常清晰。即使用 50 寸的大屏电视播放也毫无问题。火焚约旦飞行员的视频还加入了一些拍摄手法，旨在凸显行为的残忍。

高清的画质、娴熟的手法，带给观者的冲击是巨大的。观众中，有人感同身受，因此甚觉恐怖；有人因厌恶而关闭了视频；有人因为愤怒，开始仇视所有的伊斯兰教徒；也有人对 IS 的行为产生了共鸣。但不论如何，那段视频对于观众而言，都是一段具有直接冲击力的视频。

不难看出，网络视频也在逐渐具有高清电影和电视剧动作场面所具有的震撼力。残忍、邪恶的势力也可以轻松地利用网络向全球发送视频。我们已经进入了这样一个时代。

互联网抹平了物理上的距离，从叙利亚的沙漠可以直达东京。如果将这种残忍斩杀人质的视频视为一种攻击的话，那么这种攻击可以越过时空距离，越过国家与军队，直接攻入对方阵营内每位网民的心中。网络图像已经成了一种极为有效的心理战武器。

针对这些杀戮视频，电视上有很多分析性的评论，但有一点却鲜有涉及，即 IS 的这些视频并不仅仅是给敌人看的，其观众层还包括了被 IS 所控制的人、身在"敌国"却心在 IS 的人。更重要的是，IS 的成员也会观看这些视频。就是说，这些视频不光是给敌人看的，同时也是给志同道合者看的。换言之，就是上传到网络上的视频，是无法选择观众的。

听说某位小学老师强制学生们观看斩首视频，并让学生们思考这些画面的意义，之后学校方面完全否定了这位老师的做法。从一定意义上而言，我认为学校的做法也多少令人有些遗憾。毋庸置疑，强迫学生看这些视频是错误的。但整个社会必须思考的是，孩子们要如何去面对这些反道德、反人性的网络信息。绝不是说，我们封锁了这些信息就万事大吉了。日本已经有很多孩子观看了这一斩首视频，美国的福克斯电视台还向全美国播放了斩首视频。

图像和视频，都是编辑和加工后的产物，是一种脱离前后文脉的片断。我们所接触到的事实，其实只是事实的一部分。它所要刺激我们的也并非理性与思考，而是感情。所以当前的网络视频极为注重视觉效果。在IS上传的视频中，人质们身穿一件橙色囚衣，这首先抹杀了他们作为人的个性。他们有亲人，也有朋友，但在他们的身上，人类的情感无法流露出来。甚至可以说，抹杀个性是杀死一个人的第一步。而且网络与电视不同，家长不能关上电源就使孩子与网络隔绝。所以，即便还是小学生也要了解网络的这些特点。

在这一事件中，汤川遥菜手持步枪的一张照片引起了我的注意。这张照片使我首先想到了刺杀肯尼迪总统的李·哈维·奥斯瓦尔德[①]。虽说刺杀肯尼迪的事件已经过去了 50 多年，但由于媒体不断地播放这张照片，人们早已在心中将奥斯瓦尔德构建成了一个好斗且冷血的杀手。我猜想，汤川遥菜手持步枪的照片或许也是为了带给观众一些先入为主的观念。在这张照片的前后，我们不知道究竟发生了什么，也不知道汤川本人当时究竟抱着怎样的心情，所以我认为并不应该传播这种照片。

---

① 译者注：李·哈维·奥斯瓦尔德（Lee Harvey Oswald，1939—1963），被认为是刺杀肯尼迪总统的主犯。

逐步升级的网络视频

网络视频所具有的特质，正在逐步升级。因为无论是中东恐怖组织的宣传性视频，还是打工者在店内恶作剧的视频，以及宠物卖萌的视频，都可以平等地上传到网络上。而看还是不看的权力，在每一位网民手中。

也就是说，网民对于视频有选择权。要想吸引眼球，平淡无奇的场面和毫无新意的内容通通不行，所以网络视频搞怪出奇的程度越来越甚。

曾经，那些打工的年轻人抱着半开玩笑的心态，在自己打工的店铺内躺进洗碗机或是大型的冰柜，之后再将这些照片上传到网络上。他们拍摄这些就是为了在网络上推新出奇。只有面向镜头的时候，其内容才会越发升级。

　　现在网络上的视频，都在刻意地标新立异。其中也有一些人为了攀比新奇性，开始制作一些过于刺激的视频。因为在社交网络上传播的大部分视频，是为了博得别人的关注，但单纯的恶作剧，并不能博得多少眼球，所以要达到预期的效果，视频的内容必须独特、新鲜。这一特点对视频过激程度的升级起到了推波助澜的作用。IS 的宣传视频也与网络视频的表现手法升级不无关系。

　　假设在距离叙利亚数千公里外的某个城市一隅，有一位对社会不满的青年。他不读报，也不看电视，所有的外界信息只靠互联网来获取。原本他对于伊斯兰教，对于中东的战事毫无兴趣，但某一天他突然看到了 IS 发在网上的杀人视频。在一堆平淡无奇的视频当中，IS 的视频使他感到了"新鲜"与"刺激"。最后他竟然搜到了 IS 的雇佣网站。

　　现在全球的反智主义①倾向越发明显。越是年轻

---

① 译者注：反智主义 (Anti-intellectualism) 是一种态度，一般包括两个层面：一个是对知识本身的怀疑，另一个是对知识分子的仇视。

人，越是不看报纸、杂志、书籍乃至电视。他们甚至嘲笑传统媒体为"霉体"。可以说，一部分年轻人的信息来源只限于网络。通过视频的宣传，IS 这种巧妙利用了社交网络的恐怖组织与年轻的网民群体，在互联网上产生了直接的联系。冷静且具有批判性的言论在网络上较难传播，但暴力血腥的视频，却会因为一些人的生活环境以及心理状态，而被视为是一种感动的行为。

在日本的年轻人中，也有想潜入IS控制区域的人。据说全球有超过一万的人都希望成为 IS 的士兵，在这之中谁能断定就没有日本人呢？

如何对抗过激视频

让我们对网络视频所造成的隐性危险做一个总结吧。

网络视频是以网民为主导的，即选择权在网民手中。而网络上有无穷无尽的视频，因此网络上视频中的场面，要比电视和电影中的场面更加刺激乃至过激。而限制网络视频的规定，实际上等于没有。

另外，网络视频的内容并不是诉诸理性，而是诉诸感情，它靠这一点来吸引观众。将伊斯兰教徒等同于 IS、对清真寺产生厌恶感等行为也正源于此点。

而网络重度患者的信息源往往只来自网络，其精神世界很多时候也是由网络所形成。在这种情况下，他们往往无法客观地看待网络视频。

那么为了改变这一点，我们要如何做呢？在后藤健二被监禁期间，网上有不少人在留言板上写下"I AM KENJI"①，非常遗憾的是，大家的祈福最终没有奏效，但这也是对抗这种残忍宣传视频的方法之一。我认为这种方法颇有奇效。

同时，后藤健二的妻子抱着一丝希望在网上发表了自己的话，其冷静、真挚的话语在拷问着正义何在。

"……我们夫妻有两个年幼的女儿。健二离开日本的时候，小女儿才出生仅仅三个星期。我真心希望，已经两岁的大女儿能再次见到父亲……我的丈夫为人老实善良。他是为了报道那些正在受苦受难的人，才远赴叙利亚的……我要感谢家人、朋友以及健二的同事。我衷心祈祷，我的丈夫、约旦飞行员卡萨斯贝先生平安。"

在事件中，后藤健二一直作为各方交涉的筹码、索要赎金的工具。但他是一个人，一个有自己完整人格的、活生生的人。仅仅通过视频我们是无法感受到

---

① 译者注：KEN JI 为健二的日语发音。当时有不少人为了祈祷后藤健二能够平安，在留言板、纸张等上面手写了"I AM KENJI"的文字，之后发布到自己的推特、脸书上面。

这一点的，但其妻子的一席话，让我们感到后藤健二是一个人。我不知道，今后在 IS 控制的地区是否还会不断出现杀戮、战斗或者是恐怖袭击。但我知道的是，我们不能再被网络视频产生的反智主义所摆弄。能对抗这种反智主义的，是由书面语言所构成的报道以及分析。我相信语言文字所具有的力量。

Chapter 8

网络使人萎缩

人们更相信聊天记录

2016 年，日本的娱乐圈曝出了一桩丑闻，即女艺人 Becky[①] 与男歌手川谷绘音[②] 的婚外情。

这一事件不啻为网络时代的缩影。名人被曝有婚外情并不是什么稀奇的事，大家往往见怪不怪，没几天也就风平浪静了，但此次却和往常不同，被炒得沸沸扬扬。

原因之一就是双方在 LINE 上的聊天记录。双方将离婚协议书笑称为"毕业论文"，而对于《周刊文春》[③] 的曝光，两个人根本没当回事，在聊天中还表示

---

① 译者注：Becky 是一位英日混血的日本多栖女艺人。
② 译者注：川谷绘音是日本乐队ゲスの極み乙女（网络译名：极品下流少女）的主唱。
③ 译者注：《周刊文春》，创刊于 1959 年 4 月，内容涉及政治、经济、企业、社会以及艺人丑闻等，在日本是颇具影响力的综合性周刊。

"感谢文春"。

两人应该不曾想到他们在 LINE 上的对话会被外人知道，因为 LINE 是和朋友以及认识的人之间进行私聊的软件，是一个密闭的空间。

围绕本次的丑闻，电视上也播放了当事人的现场讲话。在记者招待会上，Becky 表示了歉意，但事件并未就此平息。被曝出的 LINE 聊天记录，将她在现场的发言完全击碎了。电视画面与文字聊天不同，不光有文字，还能展现出发言人的表情与态度，继而改变观众的看法。Becky 本想通过电视画面，表示出诚恳的表情与认真反省的态度。但事与愿违，LINE 上的聊天记录反而比电视画面更具说服力。

冷静思考一下，这多少有些蹊跷。别人心里是怎么想的我们并不知道，但比起实际的发言来说，我们却更相信社交软件上的那堆数据。实际发言和聊天记录，到底哪一个才是当事人真实的想法，身为第三方的我们无从知晓。但即便如此，我们依然更倾向于相信聊天文字。

现在我们每天都在使用电子邮件和社交软件。但我们所发出的信息，不可能都是真心实意的。有时候，因为无法展现出我们在文字背后的踌躇与不安，所以只能发送一些浅短的语句。但即便如此，呈现在软件上的文字，却也因为是我们已经确认过的，所以我们必须要对其负全责。

遇到一些恶性的青少年犯罪之际，加害者的家长与相关人员的姓名往往会被"人肉"出来，之后大家就会群起而攻之。但事后又可能发现认错了人，被攻击的只不过是同名同姓的人。只需要敲几下键盘，就能在网络上"指点江山"，这和我们在日常生活中随口说几句话似乎并不相同，但有时候，我们要对网络发言承担巨大的责任，有时候我们自己可能就会莫名其妙地成为网上被攻击的对象。

目前棘手的是，相比写在纸面上的文字，越是年轻人，越是倾向于轻信网络上的文字。譬如说，很多女高中生之所以会涉及 JK 散步①等容易成为未成年

---

① 译者注：JK 为"女高中生"的缩写。所谓 JK 散步即由女高中生或自称是女高中生的人，陪客人散步、购物或是吃饭，但由于成了未成年人卖春的温床，目前是日本警方取缔的对象。

人卖春温床的危险打工行为，就是因为网络。她们完全信任互联网，即便是风俗店的招聘广告，只要有官网存在，"她们也会认为这是一家经营非常规范的店铺"[①]。这并非极端的个例，而是现在十几岁年轻人的通病。正因为如此，现在才强调网络搜商教育的必要性。

Becky 的婚外情最初确由《周刊文春》曝光，但其真正的导火索则是二人在 LINE 上的聊天记录。而将这些内容包装为商品，进行商品化的，则是电视台。但在电视台的节目中，并未去探究当事人聊天记录的可信度与真实意愿。同时，也很少有人关心将公众人物的隐私曝光出来是否合适。当然，公众人物本身就是靠贩卖其知名度来进行盈利的，所以其隐私要如何界定，也有莫衷一是的地方。

总之，这一次事件之所以越闹越大，就是因为聊天软件上的文字信息具有极大的冲击力。不过我们必须要牢记的是，尽管聊天软件具有极大的力量，但其信息安全体系却是如此的脆弱，随时都有可能被曝光。

---

① 原书注：出处为《女子高生の里社会》，仁藤梦乃著。

SNS 让我们"裸奔"

话说回来，我们平时在聊天软件上发送的文字和图片，也会如此轻易地被泄露吗？关键是，网络的信息安全问题并不是提升防护的门槛、加固防护的措施之后，就能解决的。原因在于，开放性是网络存在的前提，是网络最本质的特征。在人类社会意识到其危险之前，网络的开放性早就根深蒂固了。

SNS 因为具有这一开放性，而具有相应的存在价值，所以 SNS 的运营商希望用户能尽量具有开放性，这样才能吸引到更多的人来连接。

"让世界更开放、更联通"，这是脸书创始人马克·扎克伯格说过的一句话，也正代表了社交软件的开放性。

马克·扎克伯格在哈佛大学读书期间，创建了一个仅供哈佛校友参加的网络社群。今天的脸书，其理念正源自该网络社群。不过，马克·扎克伯格却有着不太光彩的前科——他利用黑客技术攻击了学校网络的安全系统，借此来收集学生的信息，也因此受到了学校的处罚。他所主张的"一切都应该开放"如果得以实现的话，的确不需要再用黑客技术了。

但是，有很多东西我们不希望为外人所知。这无关对错，也无关道德。假设你过去曾身患癌症，而这一情况被你的某位熟人传到了网络上，但你可能并不想让同事、邻居或者是新公司的领导知道。不仅是病例，比如交通违章情况、性取向、年收入、银行存款等信息，我们一般都不会去公开。有的人不希望别人知道自己的恋爱史，有的人不希望别人知道自己的家庭情况，还有的人害怕别人跟踪自己，不想让别人知道自己现在的住所……有各种各样的秘密，这才是人。秘密本身与道德并无关系。

但是现在的社交软件，却在半强制性地使用户开放，经常使用户频繁地展现出个人信息。这当然是为了能有更多的用户能参与进来。因为对于网络社群而言，姿态越开放往往越能博得人气。

我们每天都在网上频繁发送各种信息，这些信息中的一两条如果被别人或者是朋友知道了，也许并没有太大问题。但这些零零散散的信息如果被人有意识地收集起来，再进行系统性的整合，他人就有可能发现你的惊天秘密。

比如你正打算跳槽，与一位名叫山川的猎头见了面。你将这件事通过聊天软件告诉了好友铃木，你所传达的是："今天和一位叫山川的人一起吃了饭，那家法式餐厅真的很不错。"而铃木就把这条"美食信息"直接转发给了朋友当中的吃货。于是，这条"美食信息"就这样流传开了，最终被你现在公司的上司看到了。而你的上司，正好也认识那位名叫山川的猎头……

因为各种各样重叠的人际圈子，这种偶发性事件会有一定的概率。但整合网络上的个人信息要比这个严重得多，将有可能发生更为可怕的事情。将你在网络上的相关信息全部整合，同时再将网络上其他人所发送的与你相关的信息相联系，经过分析之后，就连你自己都已经忘记的一些言论、行为、属性，便会被其他人所掌握。

《信誉经济：大数据时代的个人信息价值与商业变革》一书发出过警告，美国已经在研发可以根据网络个人信息来整合个人情况的算法，现在个人信息在网上已经处于"裸奔"状态，我们的社会将会成为一个"别人会根据你的信息，对你进行品头论足"的社会。这本书的作者是身处该领域最前沿的商人，其警告不容我们小觑。

当然，肯定会有人持反对意见，认为"我们这里有严格的个人信息管理措施""我现在发送的信息只会让特定的人看到，所以不用担心"，但情况并没有这么乐观。

用户的狂热逐渐回归平静

2015 年 12 月，在美国发生了一起枪击案。办案人员需要搜查嫌疑人的手机，而苹果公司是否帮助警方解锁成了人们关注的问题，因为嫌疑人的 iPhone 手机不仅设置了密码，还设置了连续输错十次密码自动销毁一切数据。FBI 要求苹果公司制作一款能够解开密码的软件，但遭到了苹果公司的拒绝。此前一直与苹果公司呈"敌对状态"的 IT 界，也对苹果的这项决定表示支持，因为只要答应了政府的这次要求，今后再碰到类似事件，政府还会提出同样的要求。长此以往，个人信息的保护功能就会变得有名无实，而一些政府管控比较严格的国家也有可能提出同样的要求。

对于这件事，我们不能不以为然。2013 年，据原 CIA 工作人员斯诺登揭露，美国国家安全局（NSA）

曾秘密要求苹果、谷歌、脸书、微软等公司配合他们搜集个人信息。

斯诺登的揭露，严重影响了美国的国家监视系统。目前斯诺登还滞留在俄罗斯，并未得到美国政府的获准而回国。

通过权力进行信息犯罪，此前最有名的便是1972年的水门事件①。《华盛顿邮报》揭露时任美国总统的尼克松监听了民主党总部，最后尼克松不得不引咎辞职。当时负责调查此事的两位记者成了英雄，而斯诺登却成了美国政府的通缉犯。

斯诺登所揭露的，是美国政府对普通民众的监视，这引起了美国网民对政府的极度不信任。构建一个开放且自由的网络空间，是苹果、谷歌等公司的企业理

---

① 译者注：水门事件（Watergate Scandal）是美国历史上的政治丑闻之一，对美国历史以及整个国际社会都有着深远的影响。在1972年的总统大选中，为了成功连任，共和党尼克松竞选班子的几位成员悄悄潜入位于华盛顿水门大厦的民主党全国委员会办公室，意图获取对方的竞选情报。在安装窃听器并偷拍有关文件时，当场被捕。尼克松由于此事而辞职，成为美国历史上首位因丑闻而辞职的总统。

念。保护个人信息、保障个体在网络上发言的权力，是构建这一理念的前提。但在背后，这些企业却与国家串通，泄露用户的个人信息，所以肯定会造成用户的愈加不信任。

过去，曾有一些疯狂的"果粉"，或者也可以称他们为苹果的信徒。每当 iPhone 发售新产品之际，全球这些年轻的果粉便会彻夜排队抢购。而谷歌也一直强调自己是新型的理想主义者，旨在构建一个谷歌帝国，也有很多粉丝相信谷歌的这些理念。但是现在这种对这些企业的话持完全信任态度的天真粉丝，已经是极少数了。

但对苹果公司的创始人之一乔布斯，粉丝们却有着特殊的感情。虽然乔布斯已于 2011 年去世了，但时至今日仍有很多信徒将其奉为电脑社会的开拓者。在他去世的这几年里，已经有两部关于他的纪实电影上映，而关于他的书籍，仅仅是日译本就有十余种。这些纪实电影和书籍投入很多的篇幅，将重点放在乔布斯是如何在竞争激烈、瞬息万变的 IT 界中求生存的。所以，乔布斯即便去世了，仍然对 IT 界的形象提升做着贡献。不过，不管对于乔布斯的关注有多高，对于网络狂热支持的人已经没有了。

再回到前面的解锁事件。其后，有报道称美国法务部通过特殊途径解开了iPhone手机的密码。此事再次证明了，网络以及一些信息设备的安全保障系统是多么的不值一提。近来，与网络保持一定距离，谨慎使用网络的网民多了起来。但仍有不少美国人感觉网络监视系统正在暗处全力开动着，感觉自己受到了政府的监视。苹果、谷歌以及微软所畅想的那种自由平等、无拘无束、人尽其才的未来，已经越发无从谈起。

手机正在"窥视"你

当然也有人认为，苹果公司"抵抗"政府的命令只不过是一场商业戏。不能因为这是发生在美国的事情，我们就认为事不关己高高挂起。斯诺登所揭露的，是全球监视系统，当然也包括日本。

之所以国家会积极监视信息、企业会积极收集信息，是因为这对国家管控有利，而企业也会获得相应的利益。工作经历、病例、年收入、消费倾向、购书订单、家庭情况、人际网络乃至个人的各种爱好，诸如此类的信息都正在被数字化。我们每个人，也正在成为数字信息的集合体，我们在被解析、被掌握。一旦可以整合和监控每个人的数据，那么无论是制定企业战略，还是进行政治选举，谁能整合和分析个人信息，谁就能处于绝对有利的位置。

譬如你在下班途中经常光顾一家便利店，那么将你在便利店的购物记录和相关的数据整合之后，马上便会对你这个人了如指掌：比起葡萄酒来说，你更喜欢日本酒；你经常服用营养补剂；最近你不去健身房了，而是换成了散步，这是因为……你的个人信息就这样被人一览无遗。但你个人要阻止这些，实在无能为力。所以在事态发展到这一步之前，我们必须采取行动。

之前，我会把自己的稿件保存到网盘上。外出时我会找个地方，或者是借用别人的电脑，连接网盘，之后对自己的稿件进行修改。但现在我在创作的时候，会用一个不能上网的电脑。不过问题在于，我在向别人发送稿件的时候，还是要通过电子邮件。所以严格来说，我的防患措施也不过是一时聊以自慰。

"隐私"一词的含义，在过去清晰可见，一般指日记本、写好的信件、抽屉里的物品等这些存放在自己房间的具体事物。到了今天，隐私指代的已经是个人信息，然而这些隐私却不在我们自己的身边，而是在不知何处的数据库中，作为数据来保存着。不知何时，你完全不认识的人，可能就会取出你的这些信息。
你手中拿着的手机，并没有那么听话，并不是一个按
照你的所思所想来运转的工具。你的手机会通过你的
各种信息来对你进行评价，并可能在不知不觉中操控
你。在你注视着手机屏幕的时候，手机屏幕也在注视
着你——可能某个你不认识的人正在窥视着你。我们
必须要时刻牢记，我们正在进入这样一个严峻的时代。

Chapter 9

纸质书比电子书更能锻炼思维

没了黑板，传统学校会消失吗

在客厅的书架上摆上一台收录机，再齐刷刷地摆上一套百科全书，这在昭和三十至四十年代①，是很多家庭追求的一股时尚。一套百科全书有几十本，是彰显拥有者文化修养的最好标志。我家自然不能免俗，当时也分期付款买了一套，和洋酒一起摆在架子上。虽然百科全书象征着拥有者的学识，但基本上来说，最后大多会成为装饰品。我家里也只有我一个人会翻开百科全书，津津有味地阅读。

长大后再回老家，发现那套百科全书已经因为"没用又占地方"而被处理掉了。当时我不禁感到一抹寂寞，进而升起了对少年时代的无限回忆。夸张一

① 译者注：昭和三十至四十年代为公历1955—1974年。

点来说，对于充满好奇心的青春期少年而言，百科全书就像是打开的一扇窗，一扇文字的窗。

时至今日，百科全书一类的图书已经电子化，几乎没有家庭再用它们装饰书架了。而且也不单单是辞书、百科全书一类的工具书被电子化，书籍的电子化已拓展到了漫画以及普通图书领域，甚至开始涉及学校的教科书。

当前，文部科学省①计划推动中小学校教科书的电子化。2016 年 6 月，在专家研讨会上，通过了从2020 年度开始，中小学校部分课程采用电子教科书的方案。在现行的制度下，教科书必须是纸质的，但电子化可谓是大势所趋，所以教科书也不能免除。

话说回来，要是教科书都变成电子书的话，教室里的授课场景又会怎样呢？每位学生都手持一台平板电脑，而在平板电脑的屏幕上，不仅可以显示文章的画面，还能播放视频以及声音。在教授英语发音时，可能也不再是由老师做发音示范，而是以电子化的教

---

① 译者注：为日本中央行政机关之一，主要负责日本国内的教育、文化、科技、体育等事务。

材为主。

在一些民间英语考试中，已经有使用平板电脑的口语考试了，一部分高中也已经导入了这一考试。考试的时候，考生们可以面向平板同时口答。不仅仅是考试，今后这样的形式也将会常态化。因为平板电脑所释放的语音，是由母语人士所录制的。

在地理和理科的课上，也会使用很多图片和视频。这样一来，学生们的关注点就不再是黑板与老师，而是自己手中的平板电脑。

"同学们，请看黑板"这一过去我们再熟悉不过的提示可能也会不复存在，而改为"同学们，请看手中的平板"。

部分学校已经采用电子黑板开展智能教学了。电子黑板不使用粉笔，而是用电子笔。轻轻点击一下，就可以显示提前制作好的文字以及图片版的电子教材。平板电脑上的数码教材、电子黑板，直接联网之后，过去那种老师在上面写板书，学生在下面狂抄板书的景象也将不复存在，因为网络可以将电子黑板上的文字以及图像即时传送给每个学生。

教育的效率化不等于数字化

数字化与网络化互为表里。学生的学习终端与教师的授课终端完全网络化之后，我们对于学校这一场所的存在意义也需要再度进行思考。

随着网络的使用程度增加，学生们没有必要一整天都待在学校了，完全可以在自己家学习。届时，学校将被赋予新的意义。教材的数码化，推动了教学的网络化。而这一过程，也有可能导致学校解体。

这一现象已经在大学中初露端倪。目前已经出现了翻转课堂①，即学生们利用电脑，先在家中观看课程，之后再到教室中解决实际问题。纵观全球，部分知名

---

① 译者注：在翻转课堂（Flipped Classroom）中，老师不再用课堂时间来授课，学生通过多媒体工具在课前自主学习，课后实践所学内容，带着实践中遇到的问题来到课堂与老师互动，由老师进行答疑与指导。

学府已经导入了慕课①，这是一种大型免费在线课程，主要由美国的大学发起并运营，所有课程可以在线学习，并在线接受测试。一些教授的课程因被人追捧，在全球广泛传播，观众多达数万人。

随着翻转课堂、慕课等从大学拓展到高中，乃至初中、小学，学校的课程将会转向在线教育。由于网络无法选择年龄、性别、人种、国籍，届时教育将会成为一种开放性的媒体，现在被年龄和地域所束缚的教育体制也有可能不复存在。

在教育第一线所发生的数字化以及网络化，旨在系统性地助推教育的效率化。然而从结果上而言，这些措施将会带来何种效果，尚不得而知。目前，整个社会都在数字化，教育领域也不甘于落后，在这种时代潮流之下，这是一场借助 IT 技术而开始的改革。

与此相对，也有一些学校没有采用平板电脑等智能教学，而是试验性质地采用了崭新却又复古的教学方法。

① 译者注：英文 MOOC 的中文音译，为 massive open online courses（大型开放式网络课程）的缩写。

小学二年级记住所有常用汉字

大概 20 年前，在爱知县刈谷市立龟城小学，一年级新生的班主任深谷圭助[1]从自己的经验出发，宣称"小学一年级、二年级是语言吸收能力最强的时期。有信心让学生们在二年级就记住 1945 个常用汉字"[2]。要让八岁左右的学生记住近 2000 个汉字是一件多么困难的事情啊。

深谷老师让一年级学生使用三四年级才开始用的词典，在当时看来，这真是一种闻所未闻的"粗暴"学习法。他还让学生们习惯性地将词典放在桌子上，

---

① 原书注：现为日本中部大学现代教育学部准教授。

② 译者注：常用汉字是日本法令、公文、报纸、杂志、电视等需要使用汉字之际的参考基准。书中 1945 字的常用汉字表为 1981 年所颁布。现行的常用汉字表为 2010 年所修订及颁布，其中将常用汉字的范围扩大到了 2136 字。

每查一个字词，就要在相关页码上贴上一张便签，并将词条意义记录在笔记本上。

有的学生连"便签"是什么意思都不知道，第一次查的词就是"便签"。深谷圭助特别强调笔记的重要性，他鼓励学生"用笔疯狂地做记录，要疯狂到笔下生烟的程度"。有个学生后来回忆"当时真的是拼命写到笔下要生烟的程度了"。当给便签加上编号之后，学生们进一步加快了贴便签的速度，进而升级到了对便签数量的比拼，甚至课间都在抓紧时间查阅词典。

这样做的成果也很快显现了出来。当时全校组织了一次查词大赛，让学生们利用词典，查询卷面上的词汇，之后再将其意义写在笔记上。在比赛中，一年级的学生战胜了六年级的学生。前十名几乎都是一年级的学生。这一结果令其他老师也瞠目结舌。这些一年级学生已经习惯了翻阅词典，他们不仅查询速度快，做笔记的速度也非常快。而这种训练甚至让他们战胜了比自己高五个年级的学生。

其中贴便签最多的学生所贴的便签数达到了5000多张，词典也因此厚到了变形。有的孩子已经将词典翻烂了，但还是不满足。有的孩子在理科的课程上，还拿出了植物图鉴。没过多久，这个孩子的书桌上就堆起了很多词典和图鉴，甚至到了家长要提醒"很多厚重的书本一旦倒了将会非常危险"的程度。

八年后，这些孩子都已经上中学了，我和这些孩子以及孩子的父母见面并谈起了此事。孩子们说，现在他们在上课之际，还是会在书桌上摆上词典。更让我吃惊的是，有的孩子还会放上《六法全书》①。

这期间，有一个孩子举家搬到了墨尔本，在当地上小学。据这位孩子的母亲讲："学校每天的作业都很多。大家都是用电脑去查资料，但我家孩子一直是去图书馆找词典和书本来查询。他已经把查词典当成习惯了。"现在这个孩子已经是中学生了，平时他当然也用电脑，但还是养成了纸质词典和纸质书本不离手的习惯。

虽然现在部分学校正在推行这种翻阅词典的学习

———————————

① 译者注：《六法全书》是日本的法典，里面收录了宪法、民法、商法、刑法、民事诉讼法以及刑事诉讼法等六部主要法律，因此而得名。

方法，但在电脑教学如火如荼的形势下，其前景并不乐观。因为这一学习方法的关键在于查阅纸质词典，而纸质词典、百科全书面对电子词典、电子百科全书颓势明显。

原因也是显而易见的。就拿查阅《广辞苑》来说，因为其又重又厚，所以必须从书架上取下，之后摊放在书桌上，光是这一步就不轻松。查询词条的时候，还必须要在脑海中排列出五十音图的顺序（对于从小就用电子词典的新一代而言，可能连这一点都觉得麻烦），之后再在数千页的内容中，查找自己所需的词条。

查到词条后需要记忆，或者做笔记，感觉麻烦的话，当然也可以复印。但如果使用电子词典的话，上面这些步骤都可以省去。

最近，我经常提笔忘字，即便是很简单的汉字，因为我近30年一直在打字，而很少手写。如果一个人从小学开始就一直依靠打字的方式来输出汉字，那么长大后他就有可能变得只会读汉字而不会写汉字。

华盛顿大学的新闻网站 UW Today 刊登了一篇非

常有趣的文章。文章中有一则实验报告，来自心理学家维吉尼亚·贝尔宁格（Virginia Berninger）。他将小学生分为两组，一组使用电脑，通过打字来书写文章；另外一组使用纸笔来手写文章。比较之后，他发现手写组的学生可以更快、更好地完成文章。无独有偶，脑科学领域的研究也表明，动手书写会促进部分脑干细胞更加活跃。其实话说回来，即便没有这些研究结果，我们通过自己的亲身体验也不难发现，手写的方式会让我们将内容记得更牢。

在2015年实施的日本中小学生学习能力调查[①]中，结合笔试测试学生平时的学习状况与生活习惯，结果发现，平时喜欢读书的中小学生，在所有科目中的正确率都较高，而越是平时喜欢发短信、喜欢玩网络游戏的学生，做题的正确率越低。

---

① 译者注：全称为"全国学力·学习状况调查"。从2007年开始，针对日本所有中小学毕业年级，即小学六年级与中学三年级学生进行的一项学习能力调查，旨在调查学生的学习能力和学习状况。

网络剥夺了语言能力

如果只依赖于网络语言，还将引发更为深层的问题。

网络上的复制和粘贴非常方便，几乎人人都会用这些功能。在不当引用学术论文的事例中，我们已经证明了这一点。部分大学针对毕业论文的不当引用已经借助专用软件导入了查重环节，但这并不能杜绝这一现象。而且，问题也不仅仅是防止剽窃这么简单，而是复制和粘贴这些便利的功能，正在使人类的语言能力变得贫瘠。

文字数字化了之后，人们便可以从无限的文章当中，轻松地选择自己需要的内容并进行保存。过去我们要找到所需的内容或者说文章，需要花费时间去查阅词典、书本。在这个过程中，我们会接触到与所需主题无关的语言，或者是当前用不到的文章。乍看起来，这些是无用的阅读行为，但实际上，所有邂逅的内容都会积蓄在阅读者的心中。也就是说，当时看起来毫无意义的内容，可能会在将来变成对阅读者有用的词义或是知识。

查询词典的好处也在这里。我们是有需要了才会去查词典。当然，如果这些词我们都认识而不用再去查词典，是最理想的。在查词典的过程中，往往会遇到很多对我们现在而言没有直接关系的词汇。不过我们依然会去查询它们的意思，这是因为我们被好奇心所驱使着。虽然有很多词都没有派上用场，但是都留存在了我们记忆的某处。

在提到查词典学习的时候，我们也会经常听到"还要注意所查词汇的前后词汇，在查询之际，也要一并阅读"，就是说查阅纸质词典还有这样一种派生效果。但是查询电子词典几乎没有这种效果。因为电子词典只会显示我们所需要的词条。在这种情况下，我们意识不到该词条背后所隐藏的巨大的语言信息。此外，因为纸质词典很厚，我们在翻阅词典，将众多的语言信息映入眼帘之际，还能够意识到语言的无穷无尽。

纸书使人对知识持有谦逊的态度

但在语言信息已经网络化的现代，查阅词典和书本这种低效的学习方法已经过时。

比起记忆而言，现在的语言信息对我们来说，更多的是用于记录。而记录也是使用硬盘等外部存储介质，在这些存储介质中，可以保存我们一生也无法穷尽的语言信息。然而，不论我们存储多少信息，如果这些信息不能变为我们的记忆，我们便不能用其去思考。应该没有人会愚蠢到去吹嘘"我有 3000 本书，所以我很聪明"。没有阅读并理解的书籍，无论有多少本，也只不过是明珠暗投罢了。

而最终的结果，就是网络的发达将导致人类理解语言信息并去记忆的能力萎缩。因为现在我们通过操作键盘，点击图标就可以完成理解语言、应用语言这件事。如果说语言会促进人类的思考，那么这种思考已经由操作键盘和点击图标所代替了。

有时候，我会意识到，面前的屏幕中所显示的不过是信息。意识到这点后，我自己也非常慌张。因为那个时候，我对其中文字的理解，就如同液晶面板一样浅薄。将这个屏幕上数字化的文字复制下来，传播到另外的屏幕上去，这些语言似乎只是"走了过去"，而没有进入人的心里。

我以前也用过电子书，但没多久还是重新拿起了纸书。原因在于，电子书虽然也有"翻动"书本的操作，却毫无纸书的手感。只有一页页灰色的电子画面，就好像是从整本书中剥离出的一个个断片。看着电子书，我无法投入作品的世界里。但如果是漫画的话，不同的作品会有不同的绘画风格，在电子书上所显示的感觉也完全不同，电子书可以将作品的个性在瞬间视觉化。所以电子书有很多都是漫画，可能也是这个原因。

当翻阅着一本厚厚的工具书时，我会深感自身的渺小，深感自己对这个世界知道得还太少。一如少年时代，我在客厅中翻开百科全书时的感觉。将纸质的工具书拿在手中翻阅，我们能切实感受到语言世界的奥博。这种感觉在所有的书中都有。当我们手拿书本的时候，我们对于语言以及语言所衍生的智慧，都会产生一种谦逊之感。

可是，电子书等电子化的语言，却给我们带来了完全相反的感觉。

在画面中显示的文字，是我们仅用手指操作几下便可以处理的符号。我们对待这些信息没有谦逊感，反而会生出一种傲慢感。我担心，如果我们只依靠电子化信息，我们可能最终会失去对语言和智慧事物的谦虚。

过去，"文化修养"这个词经常被大家挂在嘴边。我家购入的那套百科全书，也象征着文化修养。不过现在，这个词很少被提及，反智主义甚嚣尘上，信息成了主角，取代了修养、知性，推动信息社会发展的，也正是数字化了的语言。修养与知性，是理解人类与世界的态度所在，其基础不是数字化的语言，而是写在纸上的语言。

Chapter 10

逃离手机，找回自己

Chapter 10　逃离手机，找回自己

　　前几天有人问了我一个问题："我想回顾一下自己的半生，总结一下自己的历史。收集好资料，来到了图书馆，一切都准备就绪后，拿起笔来，却又不知道如何下笔了。我要如何解决这个问题呢？"

　　写作绝非易事。对此，我每天都有切肤之痛。而在电脑上写作，不知不觉中，就会变成搜索网页、观看视频网站，或者是发送邮件，总之无法静下心来。有时还会发生这样的事情：原本我打算一口气写上八百字，计划"就趁着这股劲头多写出来一些"，但不知不觉中，便放松了警惕，打开了网页。待回过神来，发现已经过了一小时。自知这样下去肯定不行，于是开始重新写作。不过，一旦走过一次神之后，就很难再找回写作状态，没多久又开始上网，最终就在这种恶性循环中度过了一天。

　　写作时，注意力降低的这种情况，是否是因为人上了年纪呢？我的答案是否定的。注意力降低，是因

为我们本来具有的注意力，被一些东西分散了。我这里所谓的"一些东西"，毫无疑问，指的是网络。

用于工作的台式电脑我没有连接网线，只是用来打字。目的正是为了在写作时，可以逃离网络。当我需要搜索或者是需要发送邮件时，我会先将内容写在便签上，贴在显示器的一角，最后将所有便签汇总到一起，再用另外一台可以上网的笔记本电脑解决。但即便如此，也出现过因为太想上网了，所以不由得打开了笔记本电脑，之后因为浏览网页而造成工作停滞的情况。

我很少用推特、脸书、LINE等社交平台或是软件。也就是说，我不是互联网重度患者，但即便如此，搜索信息、浏览网站、收发邮件还是会降低我的写作劲头，分散我的注意力。

各位对于"网瘾"这个词想必都已经很熟悉了。比如说有的学生一天的大部分时间都花费在网络游戏上，就连吃饭的时候也不离开网络，很少与家人说话，不仅玩坏了身体，同时也无心学习。但我现在想说的并不是这种已经社会问题化了的网瘾问题，而是直接涉及我们"思考"本身的问题。我将其称之为"SNS思考"。

离开网络之后，文章"井喷"

这里我介绍一位 28 岁的自由写手，暂且称她为山口小姐。

她现在的工作是通过网络找到的，而且她每天都会登录 SNS，发送很多消息。不过她在年轻人当中，也许只是普通程度的网民。

她曾经给我看过一些与她"画风"不太一致的东西。那是三本 B5 大小的笔记本，封皮已经褶皱不堪。本子也已变得很厚，拿在手里就知道曾经被翻过很多次。打开之后，其文字量超乎了我的想象。小小的文字跨过了横线，密密麻麻地写满了每一页。这些笔记是她正式工作之前，在打工的时候写的，而且仅仅是一个月的量。听到这些后我不禁大吃一惊。

她打工的地方是位于九州某个小岛上的山间休息

所。那里手机没有信号，如果要用手机，必须步行 15 分钟登上一处展望台。她有一个和她聊天、互通信息的恋人。每次休息的时候，为了跟恋人联系上，她都要花费近一半的休息时间，往返于展望台和工作地点。而这也逐渐成了一种负担。四五天之后，她终于放弃了使用手机。也许是因为不能在网上发布自己的言论了，所以她一有空就打开自己的笔记本，在上面写下当天发生的事情以及感想。她就像着了魔一样每天大量地书写日记。

她现在就是靠写作吃饭的人，所以原本就应该很喜欢写作。可能是每天都拿着手机，把她这方面的能力抑制了。而一旦"脱离"网络环境后，她就像卸去了一块巨石一样，开始井喷式地书写文字。

但是回到东京之后，她马上又死灰复燃，和过去一样每天泡在网络上了。"在手机上，面对社交媒体的界面，我总是能刷刷地写下各种内容，但是等到打开电脑，面对空白的 word 时，我又感觉没什么可写的了。"这是她目前的烦恼。

网络会改变你的思考

在网络上发送信息之后，马上就会有人给出回应。这种网络所特有的传递速度以及互动性，是邮寄信件以及自己书写日记所不具有的。这些是网络独有的魅力，也是让人亢奋和产生快感的地方。具体地说，这些亢奋和快感来自阅读者写了评论、阅读者为你点了"赞"，以及文字和图像通过转发即可分享等行为。互联网，有着极高的反馈性，而这一特性促使着你再次发送信息。人们也因此逐渐成了 SNS 的"俘虏"。

人们从网络上可以获得他人的"认可"，因此网络成了给予自我抚慰的极好工具。此外，对于全职的年轻妈妈、患了重病的人，还有具有极强网瘾的人来说，他们与同类人的交流，也可以使他们获得精神上的支持，这是网络发挥积极作用的一面。

现在 SNS 已经成为社会组成部分中的重要一环，但同时这里也隐藏着巨大的陷阱。比如说，为了让别人给自己"点赞"，有人即便没有什么兴趣，可能也会前往新开的餐厅，故意将事实粉饰一遍发送出去。还有人为了寻找每天发送在网上的内容而耗费大量的时间。这些不过是 SNS 的表面弊端。

据山口小姐自己讲述："近来，无论去了哪里，看了什么，总是下意识地想在网络上发一下，还会构思如何拍摄给别人看。我意识到这点后，也不由得吃了一惊。自己的言行总是迎合网络的话，就会忘记自己本来所具有的观点以及兴趣。我认为这是很可怕的事情。"

那三本 B5 大小的笔记本，让山口小姐意识到了这个问题。几年前，自己还有那么丰富的表达方式，然而现在每天在网络上发布的内容，却都是一样的套路，并且都是没有意义的内容。当她意识到这点后，也不禁愕然。

听了她的话，我也深有同感。我意识到，网络不仅极大地改变了社会与人际关系，同时还改变了人类的思维模式。

对于很多现代人，尤其是年轻人来说，登录 SNS 就如同呼吸空气一般自然。而沉浸在网络中的人，其头脑往往被限制在巴掌大的一方天地中，而且有可能会变得越来越没有独立思考的能力。

其表现之一，就是人们丧失了阅读长文的能力。在美国，有很多人面对网络上的文章，会回复"TLDR"（Too long. Didn't read），也就是"太长了，不想看"的意思。在 SNS 上，人们习惯发送短文，默认的文字长度一般是 1—2 行。如果超过这个范围的话，可能就会有很多人懒得看了。或者说，在这些地方发送长文是一种"失礼"的行为。

最近，据说连商业企划书也必须简洁到一个手机画面可以读完的程度。

但是这种"短文化"也会造成信息的简单化和固定化，为了弥补这点，人们往往会使用很多符号和表情，这些图像成了非常方便的东西。而因为现场感和时效性非常重要，所以发在网络上的语言往往有一种比较贫瘠的表现。这是因为我们每天都要在 SNS 上发送数次内容，根本无法做到每一次都深入思考。

拥有就是被拥有

另外一个问题，便是"点赞"。为了让更多的人给自己点赞，个人发送到网上的信息，就必须是"内容简单明了、价值观和感觉符合一般观念"的，独特的、独创的以及批判性的观点，则会令人敬而远之。就是说，对任何人都不会有冒犯，再加上一些"趣味"的内容，是最为理想的。像山口小姐那样，具有扎实的语言功底，再加上度过了一个月没有手机的生活，最后能够意识到自己的视野与思考，被压缩到了 SNS 这种狭小又浅表的平台中。而很多网民可能根本就无法意识到这一点。

在我们以 SNS 为舞台，构建我们的语言的过程中，我们会不自觉地去迎合别人的视线，而自己的思考也会逐渐变得毫不突出、毫无深度、毫无新意。

山口小姐还说"我们对于自己发布在网上的内容也不会重新阅读，而是会逐渐忘却。这意味着我们就连自己的语言都没有消化，只是惯性地在网上发布内容"。

比如你在路上看到一只猫咪，你可能会马上掏出手机拍上一张照片，之后再加入"在 XX 看到了可爱的小猫咪！"这样的一种评论发送到网络上。好，猫咪这件事就此完结。走了一段路后，你发现波斯菊开得正盛，于是又拍照上传。在这一过程中，你感觉自己非常充实。

但是对于只把手机放在包里，对 SNS 没有那么大兴趣的人来说，看到这只小猫咪又会是另外一种情况了。对于这类人来说，猫咪不是网络素材，而是活生生的动物。看到猫，他们可能会生出新的感情，会回想起过去的事情，会浮现各种各样的思绪。

每次我看到猫的时候，都会想起小时候因为猫过敏症被抬到医院的事情。哪怕只是远远地望着猫，我也能想起当时的事情。以前看到黑猫的时候，还会想起少年时代读过的埃德加·爱伦·坡^①的恐怖小说《黑猫》。

然而对于 SNS 来说，这些"展开"都是没用的，还可能会因为自我意识过剩而招人讨厌。这些没用的想法会成为语言和思考，但没有外界环境让我们进一步去发展，去深化这些语言和思考。在不知不觉中，这些思绪被堵死了，并被逐渐淡忘。有一次，我看着年轻时候出国旅行的照片，不禁陷入了深思。当时我拍了非常多照片，但是再看着这些照片，有些地方我却一点印象都没有了。很多时候我只顾拍照片，忘记了好好看一看风景。同样的事情，正在 SNS 上每天上演。

① 译者注：埃德加·爱伦·坡（1809—1849），美国文学家，浪漫主义思潮的重要作家。《黑猫》是其经典的短篇恐怖小说。

我们如何面对网络

尼古拉斯·卡尔（Nicholas Carr）在其著作《浅薄：互联网如何毒化了我们的大脑》①一书中创造了"强迫式社交"一词。他认为在 SNS 上的社交属于强迫式社交，一旦我们参与之后，就很难全身而退。更严重的是，很多人对于自己正在迎合网络一事浑然不知。

我也曾经发现，自己认为自己是在使用网络，而其实往往是被网络使用了。比如说我们在搜索内容时，会如何选择关键词呢？我是有 20 多年网龄的老网民了，有很多搜索经验，我不论输入什么关键词，都可以很快地找到目标对象，我也渐渐习惯了这些。但反回来想一下的话，就可以发现，这其实是自己的语言

---

① 译者注：原书名为 *The Shallows: What the Internet Is Doing to Our Brains*。本书中采用中译本的译名。

被搜索引擎套路化了，自己的语言不得不去迎合搜索系统。

最近，还有人说"很多人连搜都懒得搜了"。现在很多人不是通过电脑上网，而是用手机上网。进入到手机的全盛期后，很多人一整天都泡在 SNS 上，几乎都是在和别人聊天，或者打游戏，就连求知欲也消失了，原因很简单，因为"没有时间"。最后，在网上所做的，只不过是毫无新意的例行公事。

所谓 SNS 思考，也许就是没有思考。

但是为什么人们无法摆脱 SNS 的泥潭呢？我认为这是因为社会本身。因为我们的整个社会，目前正越来越 SNS 化。

我们来使用一个二分法进行简单的思考。我们分为两组，即大家＝集体，我＝个人。

SNS 属于集体，以人际联系为基础；思考、读书、写作，属于个人行为。如果一个人只对网络上的人际联系感兴趣，就会怠于独立思考以及读书、写作，那么这样一来，其思维的基点就不再是个人，而变为集体，他就会成为一个 SNS 化的人。

读书是透过文字来进行思考，是一种自我审视的行为。写作，则是自己与自己的对话。而在网络上发布信息，其目的则是与别人进行连接。近来强调联系、纽带的这一社会风潮，也体现着网络社交式的价值观。写在纸上的语言，属于个人，而写在网络上的与大家进行沟通的语言，属于集体。

属于个人的语言，会沉入自己的内心深处去进行"挣扎"，而个人为了追寻真理，也会投入时间与语言来努力。而属于集体的网络语言，则是与他人产生联系的工具。既然是工具，语言本身就不是最重要的。最重要的，是要用语言瞬间吸引对方，而一旦实现目的后，这些文字也就没有用处了。

此前的书面语言，一旦记录在纸张上之后，就可以长时间保存并长期发送信息。虽然书面语言也是在一点点发展变化的，但网络语言明显是处于洪流之中。如果用存量（Stock）和流量（Flow）的关系来说的话，此前的书面语言就像是在个人的内部掘了一口井，并将水储存在井里。而网络语言则是在集体间流动的河流。在 SNS 上发布的消息，一年之后能记得的人寥寥无几。

现代社会的语言，受到 SNS 等平台上网络语言的影响，就像保鲜膜一样浅薄，正在逐渐丧失其意义。纸质书也有被电子书取代的趋势，这令我极为忧虑。

原因在于，SNS 并不是在促进个人发言，而是在促进每个人从众。你认为，你是在传递你个人的声音，但实际上，你在网络上发布的语言，是为了融入集体。

人类社会此前是通过独立个体的成长以及读书、写作、人际对话来实现成熟的。但在现代的网络社会，比起个体的独立思考，人们更优先于融入集体与连接。在不知不觉中，人类已经发生了变化。

有时，个人与集体会发生对立，而社会也必须对此有一定程度的容忍。如果 SNS 等网络社会的集体，有碍独立思考、有碍自我塑造的话，那么我们必须以某种形式对其说"不"。

最后的话

　　最近坐车的时候，总感觉非常安静。以前车内总有乘客说话，为了读书，我往往要戴上耳机，播放音乐。但现在读书却感觉惬意又从容。咖啡厅也是一样，听不到周围传来的说话声。

　　的确，车内、店内非常安静，但褪去表面的安静之后，其实非常喧闹。如果拔下每个人的耳机，采用公放模式，你就会听到游戏的声音以及音乐的声音。乘客中说话的人确实减少了，但实际上，几乎每一个人，都在通过软件和远处的某个人进行着"对话"。如果将其转换为声音的话，一定非常嘈杂。

　　每个人的脑海中都充斥着这种无声的喧嚣，终日不得安宁。这是信息带给我们的亢奋，效果会持续一天之久。这就是所谓的手机社会。

身处这种喧嚣之中，人们逐渐忘却了独处的意义。或者说，人们害怕离开手机，逐渐远离了独自的思考，所以才会一直要保持在线，一直要处于网络上的集体之中。

如果你也感到了这种压抑带来的不安感，请先尝试着远离手机、远离互联网一两天。正如本书所介绍的山口小姐那样，你的内心，可能也会涌起各种思绪。

小小的手机，在逐渐改变人际关系和社会状况。同时，我们自身也在发生改变。一个人的深思熟虑，在手机社会已经带有了一些负面色彩。但其实，这却是智慧生物的证明，是人类不可或缺的奢侈。

译后记

《迷失：你是互联网的支配者还是附庸》一书是日本作家藤原智美在中国大陆的首本译介。作者曾于1992年荣获日本芥川文学奖，此后又以人际关系、社会批判等题材为主旨创作了多部作品，是目前日本比较活跃的纪实类作家。

在本书中，作者结合本人经历及日本社会的一些具体情况，对现今的互联网社会发表了自己的一些异议。

如书中所言，以数字信息技术为基础的互联网在20多年前进入了人类的生活，并开始急速扩张。互联网几乎囊括了此前所有媒体的功能。通过互联网，我们可以进行搜索信息、收发邮件、阅览新闻、即时通信、数字娱乐等活动。互联网抹平了物理上的距离、减轻了教育资源上的不平等，使很多在过去无法想象的事情成为可能。正因为如此，赞颂网络，勾勒美好数字未来的作品至今不见式微。

不过，任何事物都有正反两面。由于互联网的发展太过迅猛，造成网络中充斥着大量毫无意义乃至有害的信息，也由此衍生出众多社会问题。以《浅薄：互联网如何毒化了我们的大脑》等作品为代表的互联网批判类图书，即对人网关系以及网络如何改变人类社会展开思考的图书，在欧美与日本都屡见不鲜。本书也在此列。

在互联网出现之前，信息的载体主要是书籍与纸张。今天，出版物铺天盖地，犹如恒河沙数。然而在第一次信息革命之前，即在1437年约翰·古腾堡发明西方活字印刷术之前，整个欧洲大约只有三万本书。1424年，剑桥大学图书馆的藏书仅有122册。直到15世纪中期，欧洲的书籍几乎还都是手抄书。这些书籍耗时数年才制成一本。那时书籍无比稀有，不啻为一种奢侈品，一种身份的象征，没有人会觉得信息过剩。

即便是在更早就掌握了活字印刷术的中国亦是如此，敬惜字纸曾蔚然成风，几百年后仍一如既往，据说雍正皇帝曾做出过"凡字纸俱要敬惜。无知小人竟掷在污秽之处！尔等严传：再有抛弃字纸者，经朕看见，定行责处"的上谕。

在技术与生产力提升后，人类不仅解决了信息载体成本过高的问题，其后还实现了出版的产业化。"敬惜字纸"也随之逐渐丧失了普适性。叔本华在其作品《读书与书籍》中批评过图书泛滥成灾的现象。进入到互联网时代后，更是出现了信息大爆炸现象。有数据显示，近30年来，人类生产的信息已超过此前5000年生产的信息的总和。

互联网让我们看得更广，听得更远，种种过去必须要亲验的事情，现在只需要手指轻点几下即可完成。同时，信息技术也正以一种不可逆的高速度不断发展。但矛盾总是存在着同一性和斗争性——在我们唾手可得的信息中，很多信息是经过加工、过滤、删减乃至根本是子虚乌有的，虽然这些问题亘古有之，但在过去限于传播途径和速度的关系，从未产生过如此重大的社会问题。

西方现代著名哲学家让·波德里亚曾认为，互联网社会是一个"信息越来越多，意义却越来越少"的社会。信息此前被认为是现实世界的反映，即现实世界为第一性。但在互联网社会，信息本身越来越构成现实，所有的现实都被吸收到编码和模拟乃至复制的超现实（Hyperreality）中。在超现实的情况下，事物与表象、符号与现实的对应关系逐渐不复存在，信息逐渐成了现实。

波德里亚健在之时，移动互联网时代还没有大规模到来。如本书所言，当智能手机普及之后，人类与互联网的关系又步入一个新的阶段。

互联网不仅进一步剥夺了个体的独立思考时间，还引发了大规模的侵权、信息泄露、泛节日化、低俗化等问题。极高的可复制性，在导致剽窃与造假频发的同时，还造成了人类思考能力的降低。很多人只会复制网络上已有的信息。可以说，互联网正透过各种信息，主宰着我们的世界观。

存在主义有一句名言"拥有就是被拥有"。我们

译 后 记

在拥有了互联网、智能手机这样便利的工具之后，似乎也越来越离不开互联网与信息技术。所以，我们究竟是工具的支配者，还是已经沦为工具的附庸？

卢梭曾在《社会契约论》中说到，"人生而自由，却无往不在枷锁之中。自以为是其他一切的主人的人，其实反而比其他一切更是奴隶"。这句话现在读起来，也毫无今昔之感。的确，面对当前的人网关系，越来越多的人不禁产生了疑问——我与互联网，谁主谁从？

毋庸置疑，互联网已经成为当今社会不可或缺的一部分。完全与网络隔绝是不现实的。我们要做的，是如何正确面对互联网以及互联网时代所产生的海量数字信息。

放下手机、远离网络——是当前很多人的心声。真诚希望此书能有助于读者改变自己散漫上网的行为。

最后，请允许本人说几句感谢的话。感谢 Rotary 财团日本米山纪念奖学金会和 Rotary 财团川口俱乐部的各位老师、我的导师日本文教大学教授白井启介、北京大学日语翻译硕士笔译专业的冷玉茹同学、一元和卷国际文化传播有限公司的李昊老师、鹭江出版社的宋卫云老师。在翻译过程中，他们或为本人提供过经济援助，或对本书的翻译给予过宝贵的意见，在此一并致以由衷的感谢！

王唯斯

2018 年 9 月 28 日 于日本琦玉家中

图书在版编目（CIP）数据

迷失：你是互联网的支配者还是附庸 /（日）藤原智美著；王唯斯译 . —厦门：鹭江出版社，2019.3

ISBN 978-7-5459-1545-7

Ⅰ．①迷…　Ⅱ．①藤…　②王…　Ⅲ．①互联网络—影响—研究　Ⅳ．① TP393.4

中国版本图书馆 CIP 数据核字（2018）第 289748 号

著作权合同登记号

图字：13-2018-080

原题・スマホ断食 ネット時代に異議があります

© 藤原智美（Tomomi Fujiwara）／潮出版社 2016

Originally Published in Japan in 2016 by USHIO PUBLISHING CO., LTD

MISHI: NI SHI HULIANWANG DE ZHIPEIZHE HAI SHI FUYONG

迷失：你是互联网的支配者还是附庸

［日］藤原智美　著　王唯斯　译

出版发行：鹭江出版社

地　　址：厦门市湖明路 22 号　　　　　　　　　　　　邮政编码：361004

印　　刷：三河市兴博印务有限公司

地　　址：河北省廊坊市三河市杨庄镇大窝头村西　　　　邮政编码：065200

开　　本：787mm×1092mm　1/32

插　　页：1

印　　张：7.5

字　　数：105 千字

版　　次：2019 年 3 月第 1 版　　　2019 年 3 月第 1 次印刷

书　　号：ISBN 978-7-5459-1545-7

定　　价：38.00 元

如发现印装质量问题，请寄承印厂调换。